Der Goldene Schnitt

Der Goldene Schnitt

von
Prof. Dr. Albrecht Beutelspacher
Universität Gießen
und
Bernhard Petri
Siemens AG, München

2., überarbeitete und erweiterte Auflage

B·I·
Wissenschaftsverlag
Mannheim · Leipzig · Wien · Zürich

Die Deutsche Bibliothek – CIP-Einheitsaufnahme

Beutelspacher, Albrecht:
Der Goldene Schnitt / von Albrecht Beutelspacher und Bernhard Petri. – 2., überarb. und erw. Aufl. – Mannheim; Leipzig; Wien; Zürich: BI-Wiss.-Verl., 1995
ISBN 3-411-17102-2
NE: Petri, Bernhard:

Die Abbildung auf dem Einband zeigt einen Spezialzirkel zur Konstruktion der Goldenen Schnitts (sog. „Goldener-Schnitt-Zirkel“ vgl. S. 27)

Druck: RK Offsetdruck, Speyer
Bindearbeit: Progressdruck GmbH, Speyer
Printed in Germany
ISBN 3-411-17102-2

Ein

für alle klaren und wissbegierigen Geister

nothwendiges Werk;

wo jeder Studirende

der Philosophie, Perspective, Malerei, Sculptur, Architektur, Musik

und anderer mathematischer Fächer

eine angenehme subtile und bewundernswerthe

Gelehrsamkeit antreffen

und sich mit verschiedenen Fragen der heiligsten Wissenschaft

erfreuen wird.

So begrüßt Luca PACIOLI
im Jahr 1509 die Leser seines Buches
"De Divina Proportione".

Inhalt

Vorwort

Der goldene Schnitt ???

Hat das nicht zu tun mit

... einer bestimmten Art der Teilung einer Strecke ?

... mit einer Konstruktionsvorschrift für Bauwerke ?

... Wurde nicht beim Parthenon der goldene Schnitt verwendet ??

... oder bei der Mona Lisa ???

Solche oder ähnliche Assoziationen kommen wohl jedem in den Sinn, wenn er auf den Begriff "goldener Schnitt" angesprochen wird. Das Ziel dieses Buches ist es, möglichst alle Facetten des goldenen Schnitts zu betrachten. Die Grundlage wird die Mathematik sein, aber viele Aspekte finden sich außerhalb der Mathematik. Wir haben versucht, die nicht-mathematischen Teile so darzustellen, daß man sie genießen kann, auch wenn man die mathematischen Grundlagen nur in homöopathischen Dosen geschluckt hat.

*

Schon seit der Antike wurden Menschen von einer bestimmten geometrischen Teilung einer Strecke, dem "Goldenen Schnitt", besonders angezogen. Neben der ästhetischen Anziehungskraft fallen heute vor allem dessen vielfältige Erscheinungsformen in verschiedenen Bereichen der Mathematik wie auch in anderen Gebieten wie Architektur, Kunst und Biologie auf. In diesem Buch versuchen wir, die vielfältigen Eigenschaften, Vorkommen und Anwendungsmöglichkeiten des goldenen Schnittes darzustellen. Den Schwerpunkt bilden aber die außergewöhnlichen und faszinierenden Ergebnisse im mathematischen Bereich. Dabei haben wir uns allerdings auf die Mathematik beschränkt, die man mit Schulwissen verstehen kann. Das bedeutet zum Beispiel, daß der wunderschöne Satz von TUTTE über den goldenen Schnitt in der Graphentheorie nicht behandelt werden wird.

Im ersten Kapitel werden dazu die mathematische Definition und einfache Eigenschaften des goldenen Schnittes angegeben. Dieses Kapitel enthält die

Grundlagen für alle nachfolgenden Untersuchungen, auch für das letzte Kapitel über die Ästhetik des goldenen Schnittes. Mit Hilfe der exakten Definition kann man die Frage, ob ein Künstler den goldenen Schnitt in seinen Werken wirklich verwendet hat, wesentlich klarer erörtern.

Die übrigen Kapitel sind meist in sich abgeschlossen; lediglich einige Ergebnisse aus Kapitel 6 (Fibonacci-Zahlen) werden in den darauffolgenden Kapiteln benutzt. Das bedeutet insbesondere, daß die einzelnen Kapitel nicht unbedingt in der vorgeschlagenen Reihenfolge gelesen werden müssen. Selbstverständlich kann jede Leserin (und jeder Leser), die sich für ein Kapitel besonders interessieren, nach Kapitel 1 gleich zu diesem Kapitel übergehen, ohne daraus resultierende Verständnisschwierigkeiten befürchten zu müssen.

Die Vielfalt und Fülle des Vorkommens des goldenen Schnittes hatte für uns eine Konsequenz. Wir mußten uns bei der Darstellung einer ganzen Reihe von Gebieten auf eine Auswahl beschränken. Besonders zu den Kapiteln 5 (Geometrie), 6 (Fibonacci-Zahlen), 9 (Natur) und 10 (Ästhetik) hätte sich aufgrund der vielen vorliegenden Einzeluntersuchungen noch etliches hinzufügen lassen. Wir hoffen aber, daß wir typische und repräsentative Beispiele ausgesucht haben; Leserinnen und Leser, die detailliertere Information oder weitere Beispiele suchen, werden bestimmt fündig, wenn sie das umfangreiche Literaturverzeichnis am Ende des Buches konsultieren.

*

Die Bezeichnung **goldener Schnitt** (bzw. **goldenes Verhältnis**) ist noch relativ jung. Sie setzte sich erst im 19. Jahrhundert durch. In der Zeit davor wurden andere Begriffe benutzt; in der Antike gab es offenbar noch gar keine kurze und treffende Bezeichnung für ihn; die lateinischen Übersetzer Euklids benutzten die Umschreibung "proportio habens medium et duo extrema", und bis hin zu Kepler findet man entsprechend auch die Bezeichnung "Teilung im äußeren und mittleren Verhältnis".

Der Venezianer Luca PACIOLI benutzte zu Beginn des 16. Jahrhunderts vermutlich als erster den Namen **divina proportio** (göttliches Verhältnis), der auf seine große Hochachtung gegenüber dem goldenen Schnitt hindeutet. Dieser Name wurde in der Folgezeit oft verwendet; allerdings findet man daneben auch noch weitere Ausdrücke, z.B. "sectio proportionalis" (proportionale Teilung).

*

Die Untersuchung des goldenen Schnittes war in der Antike eng verbunden mit der Untersuchung des regelmäßigen Fünfecks. TIMERDING behauptet sogar, daß Euklid erst durch seine Beschäftigung mit der Konstruktion des regelmäßigen Fünfecks dazu gebracht wurde, die Aufgabe der Teilung einer Strecke im goldenen Schnitt zu stellen.

Daher beschäftigt sich das zweite Kapitel mit dem Auftreten des goldenen Schnittes beim regelmäßigen Fünfeck und, damit zusammenhängend, mit dem Pentagramm (Sternfünfeck), dem vor allem im Mittelalter magische Fähigkeiten zugeschrieben wurden.

Im dritten Kapitel werden zunächst Rechtecke untersucht, deren Seiten im Verhältnis des goldenen Schnittes stehen. Es zeigt sich, daß diese "goldenen" Rechtecke mit den sogenannten platonischen Körpern in Zusammenhang stehen. Ferner gibt es, wie in Kapitel 4 gezeigt wird, auch interessante Verbindungen zwischen goldenen Rechtecken und logarithmischen Spiralen.

Im achten Kapitel wird gezeigt, daß der goldene Schnitt auch in einem Bereich erscheint, in dem man ihn kaum vermutet: Er spielt bei der Analyse gewisser Spiele eine Schlüsselrolle.

Die Untersuchung der Fortpflanzung von Kaninchen, ein treppensteigender Briefträger und die Ahnentafel einer Biene bilden den Auftakt zum sechsten Kapitel. Dort werden "Fibonacci-Zahlen" und einige ihrer Zusammenhänge mit dem goldenen Schnitt vorgestellt, ein Bereich, der die zahlentheoretisch orientierten Mathematiker schon lange fasziniert. Einige weitere zahlentheoretische Ergebnisse über die Kettenbruchdarstellung des goldenen Schnittes leiten dann im siebten Kapitel über zur Theorie dynamischer Systeme, bei denen sich in ganz neuer, mathematischer Weise die Frage stellt: "Der goldene Schnitt - letzte Bastion der Ordnung im Chaos?".

Im achten Kapitel wird gezeigt, daß der goldene Schnitt auch in einem Bereich erscheint, in dem man ihn kaum vermutet: Er spielt bei der Analyse gewisser Spiele eine Schlüsselrolle.

Im 19. Jahrhundert, in dem auch eine Fülle von Literatur über den goldenen Schnitt erschien, wurden goldene Proportionen überall gesucht und (nicht allzu überraschend) auch in der Natur oder bei der Anatomie des Menschen gefunden. Einige Ergebnisse aus diesem Bereich, vor allem über erstaunliche Blatt- und Kernanordnungen (**Phyllotaxis**) und über das Vorkommen des goldenen Schnittes an der "wohlproportionierten" menschlichen Gestalt, sind im neunten Kapitel zusammengefaßt.

*

Das Interesse am goldenen Schnitt richtete sich schon seit alters her nicht nur auf dessen mathematische Eigenschaften, sondern man hoffte auch, mit seiner Hilfe eine Erklärung für den ästhetischen Eindruck bestimmter Raumformen oder sogar für das Wesen der Schönheit überhaupt, *soweit es sich in der sichtbaren Erscheinung offenbart*, zu finden.

Der reizvolle ästhetische Eindruck des goldenen Schnittes kommt unter anderem darin zum Ausdruck, daß eine große Zahl von Architekten und Künstlern aus verschiedenen Epochen ihn bei der Gestaltung ihrer Werke bewußt oder unbewußt benutzt hat. Dies werden wir im zehnten Kapitel an einer Reihe von Beispielen veranschaulichen. Die entsprechenden Künstler (bzw. ihre Interpreten) sind der Überzeugung, daß bei einem nach goldenen Verhältnissen gestalteten Kunstwerk das Ganze in einem so ausgewogenen Verhältnis zu seinen Teilen steht, daß sich beim Betrachter ein besonderes Wohlgefallen einstellt. Die Verwendung der "göttlichen Proportion" bei vielen kirchlichen Bauten deutet darauf hin, daß dem goldenen Schnitt daneben oft auch religiöse Bedeutung zugesprochen wurde. Kritisch anzumerken wird sein, daß wahrscheinlich schon die Magie des Wortes "golden" ein Garant für die hervorzurufende Wirkung ist.

Einige bemerkenswerte Beispiele für das Auftreten des goldenen Schnittes in den Bereichen Musik und Literatur runden das Bild zur Ästhetik des goldenen Schnittes ab.

Trotz vieler eindrucksvoller Beispiele und vieler theoretischer Untersuchungen wurde eine einfache rationale Erklärung für einen Zusammenhang zwischen goldenem Schnitt und Ästhetik bisher nicht gefunden. Der goldene Schnitt hat daher *immer wieder gelockt, den Weg in das Zauberland der Metaphysik zu suchen.*

*

Wir danken unzähligen Freunden für ihre zahlreichen und unschätzbaren Hinweise.

Unser Dank gilt ferner Karl von Holtei für den Titel des letzten Kapitels. Klaus Müller und Michael Gundlach haben eine ganze Reihe von Tippfehlern gefunden.

Last but not least danken wir Herrn Engesser vom B.I.-Wissenschaftsverlag für die Geduld und Beharrlichkeit, mit der er dieses Buchprojekt begleitet hat.

München, im Juni 1988

Albrecht Beutelspacher und Bernhard Petri

Für die 2. Auflage haben wir versucht, alle uns bekannt gewordenen Druckfehler zu korrigieren. Wir danken allen Lesern für Hinweise und Anregungen. Außerdem wurde das Literaturrverzeichnis erheblich erweitert und ein Abschnitt über Penrose-Parkette hinzugefügt. Für die Mitarbeit an diesem Abschnitt danken wir Meike Stamer.

Wir hoffen, daß das Buch auch weiterhin Leser und Freunde findet.

Gießen und München, im August 1994

Albrecht Beutelspacher und Bernhard Petri

Vorbemerkungen und Bezeichnungen

Wenn wir geometrisch arbeiten, bewegen wir uns immer in der euklidischen Ebene oder im euklidischen Raum, also in der uns von Kindheit an vertrauten Geometrie. Axiomatik, Grundlagenforschung und ähnliche Disziplinen (die von manchen als Strategien zur Verwirrung der Leser aufgefasst werden) sind *nicht* das Thema dieses Buches.

Wir verwenden so weit wie möglich Standardbezeichnungen. Einige von ihnen seien zur Sicherheit hier wiederholt.

Punkte werden mit großen lateinischen Buchstaben, **Geraden** in der Regel mit kleinen lateinischen Buchstaben bezeichnet. Die **Gerade** durch die Punkte A und B wird auch AB genannt; die **Strecke** zwischen A und B wird mit $\overline{AB}$ bezeichnet, ihre **Länge** ist $|AB|$.

Ein **Vieleck** mit den Ecken $A_1, A_2, ..., A_n$ wird abkürzend mit $A_1A_2...A_n$ bezeichnet; ABCD ist also ein **Viereck** mit den Eckpunkten A, B, C und D. Abweichend davon ist ΔABC das **Dreieck** mit den Ecken A, B, C.

Der **Winkel** mit den Schenkeln OA und OB wird mit $\sphericalangle AOB$ (oder $\sphericalangle BOA$) bezeichnet.

Großgeschriebene Autorennamen wie etwa COXETER verweisen auf das Literaturverzeichnis.

Querverweise wird es selten geben. Abschnitt **3** aus Kapitel **4** wird mit **4.3** zitiert. Entsprechend ist die vierte Übungsaufgabe aus Kapitel **1** die Aufgabe **1.4**.

Kapitel 1. Grundlagen

Dieses Kapitel ist das Fundament für alle folgenden Betrachtungen. In ihm werden wir den goldenen Schnitt definieren und wichtige Charakterisierungen des goldenen Schnittes ableiten, auf die wir später oft zurückgreifen werden. Insofern sollte dieses Kapitel trotz seines fast ausschließlich mathematischen Gehalts von jedem Leser gründlich studiert werden.

1.1. Definition des goldenen Schnittes

Im zweiten Buch der "Elemente" des griechischen Mathematikers EUKLID (365 – 300 v. Chr.) lesen wir als 11. Satz die folgende Aufgabe:

Eine gegebene Strecke so zu teilen, daß das Rechteck aus der ganzen Strecke und dem einen Abschnitt dem Quadrat über dem anderen Abschnitt gleich ist.

Die "Elemente" sind das älteste mathematische Werk, in dem der goldene Schnitt konstruiert wird. Dieser wird heute üblicherweise folgendermaßen definiert:

> Sei $\overline{AB}$ eine Strecke. Ein Punkt S von $\overline{AB}$ **teilt $\overline{AB}$ im goldenen Schnitt**, falls sich die größere Teilstrecke zur kleineren so verhält wie die Gesamtstrecke zum größeren Teil.

Bild 1.1

Offensichtlich kann es zwei Punkte geben, die eine gegebene Strecke $\overline{AB}$ im goldenen Schnitt teilen, je nachdem, ob die größere Strecke bei A oder bei B liegt:

Bild 1.2

Wenn nicht anders gesagt, wird im folgenden der Teilungspunkt S so gewählt, daß er 'näher bei' B liegt; dann ist also die größere Strecke bei A.

Mit dieser Vereinbarung können wir obige Definition folgendermaßen umformulieren: Der Punkt S teilt $\overline{AB}$ im goldenen Schnitt, falls gilt:

$$|AS|/|SB| = |AB|/|AS|.$$

Die Länge der größeren Strecke $\overline{AS}$ wird mit M bezeichnet und **Major** genannt; entsprechend heißt die Länge m der kleineren Strecke $\overline{SB}$ der **Minor**. ("maior" und "minor" sind die lateinischen Wörter für "größer" und "kleiner".) Damit können wir den goldenen Schnitt auch wie folgt beschreiben:

Sei $\overline{AB}$ eine Strecke der Länge a. Ein Punkt S von $\overline{AB}$ teilt diese Strecke im goldenen Schnitt, falls

$$a/M = M/m$$

also genau dann, wenn

$$am = M^2$$

gilt.

An dieser letzten Formulierung wird deutlich, daß die Lösung der eingangs zitierten Aufgabe von EUKLID nichts anderes als die Konstruktion des goldenen Schnitts bedeutet. Andererseits können wir diese Formulierung auch dazu benutzen, den goldenen Schnitt 'auszurechnen'. Es gilt nämlich die folgende wichtige Aussage:

Genau dann teilt ein Punkt S die Strecke $\overline{AB}$ im goldenen Schnitt, wenn

$$M/m = (1 + \sqrt{5})/2$$

ist.

Bevor wir diesen Satz beweisen, machen wir uns seine *Bedeutung* klar. Mit seiner Hilfe können wir nämlich überprüfen, ob ein vorgegebener Punkt S eine Strecke im goldenen Schnitt teilt oder nicht. Da

$$(1 + \sqrt{5})/2 \approx 1{,}618$$

ist, muß man im konkreten Fall einfach nachprüfen, ob die Länge der längeren Strecke geteilt durch die Länge der kürzeren Strecke gleich 1,618 ist oder nicht.

(Für Zahlenfetischisten geben wir obige Zahl noch genauer an:

$$(1 + \sqrt{5})/2 \approx 1{,}6180339887498948482045868343656381177203091798057628621 35...)$$

Als praktische Nutzanwendung möge der Leser verifizieren, daß der Turm die Vorderfront des alten Renaissance-**Rathauses zu Leipzig** im goldenen Schnitt teilt.

Bild 1.3

Um die obige Aussage aber mit Recht anwenden zu können, müssen wir sie zuvor *beweisen*. Dazu bezeichnen wir mit a die Länge der Strecke $\overline{AB}$. Dann ist $a = M + m$, und aus der Definition des goldenen Schnittes ergibt sich Schritt für Schritt:

S teilt $\overline{AB}$ im goldenen Schnitt

$\Leftrightarrow$ $am = M^2$ (Definition des goldenen Schnitts)

$\Leftrightarrow$ $(M+m)m = M^2$ (Einsetzen von $a = M+m$)

$\Leftrightarrow$ $M/m + 1 = (M/m)^2$ (Division durch m^2)

$\Leftrightarrow$ $(M/m)^2 - M/m - 1 = 0.$

Als Lösungen dieser quadratischen Gleichung (in der Unbekannten M/m) erhalten wir:

$$M/m = (1 \pm \sqrt{5})/2$$

Da M und m positiv sind, muß auch M/m positiv sein. Daher kommt als Lösung nur

$$M/m = (1+\sqrt{5})/2$$

in Frage.

Zusammen folgt deshalb, daß der Punkt S die Strecke $\overline{AB}$ genau dann im goldenen Schnitt teilt, wenn das Verhältnis M/m den angegebenen Wert hat. □

Die Konstante

$$(1+\sqrt{5})/2$$

werden wir in der Regel mit ϕ ("phi") bezeichnen. ϕ ist der Anfangsbuchstabe von ΦΙΔΙΑΣ (Phidias), einem berühmten griechischen Bildhauer, der etwa von 460 – 430 v. Chr. in Athen tätig war und in dessen Werken der goldene Schnitt oft zum Vorschein kommt. (Eine andere, ebenfalls gebräuchliche Bezeichnung für die obige Konstante ϕ ist τ.)

Wir werden den Ausdruck "goldener Schnitt" großzügig handhaben; er bezeichnet zunächst

- den **Vorgang der Teilung** (" S teilt $\overline{AB}$ im goldenen Schnitt"),

manchmal auch

- den **Teilungspunkt** S,

hauptsächlich aber

- die **Zahl** ϕ.

Bevor wir uns an die geometrische Konstruktion des goldenen Schnitts machen, notieren wir einige einfache Eingenschaften von ϕ, die zwar ganz einfach aus der Definition folgen, aber von großer Wichtigkeit sind.

1.2 Charakteristische Eigenschaften der Zahl ϕ

Wir beginnen mit dem folgenden einfachen

Hilfssatz. (a) *Es gilt* $\phi^2 = \phi + 1$.
Umgekehrt: Ist x *eine positive, reelle Zahl mit* $x^2 = x + 1$, *so ist* $x = \phi$.

(b) $1/\phi = \phi - 1 = (\sqrt{5}-1)/2$.

(c) $\phi + 1/\phi = \sqrt{5}$.

Die erste Aussage *folgt* unmittelbar aus dem Satz in **1.1.**

Nun zum *Beweis* von (b): Multipliziert man die in (a) erhaltene Gleichung mit $1/\phi$, so ergibt sich :

$$\phi = 1 + 1/\phi,$$

also

$$1/\phi = \phi - 1.$$

Daraus erhalten wir

$$1/\phi = \phi - 1 = (1 + \sqrt{5})/2 - 1 = (\sqrt{5}-1)/2.$$

Schließlich folgt (c) leicht aus (b) ; es ist nämlich

$$\phi + 1/\phi = (1 + \sqrt{5})/2 + (\sqrt{5}-1)/2 = \sqrt{5}. \square$$

Eine wichtige Konsequenz von (a) und (b) ist, daß man alle *rationalen Ausdrücke* in ϕ als *lineare* Ausdrücke in ϕ schreiben kann.
Zum Beispiel gilt:

$$\begin{aligned}\phi^4 - \phi^{-2} &= \phi^2 \cdot \phi^2 - 1/\phi \cdot 1/\phi = (\phi + 1)(\phi + 1) - (\phi-1)(\phi-1) \\ &= [\phi + 1 - (\phi-1)][\phi + 1 + \phi - 1] = 2 \cdot 2\phi = 4\phi.\end{aligned}$$

Die Charakterisierungen des folgenden Satzes sind äußerst wichtig. Wir werden laufend auf sie zurückgreifen, wenn wir eine Zahl als goldenen Schnitt nachweisen wollen.

Satz. *Sei* $\overline{AB}$ *eine Strecke der Länge* a, *und sei* S *ein Punkt dieser Strecke. Mit* M *bezeichnen wir die Länge von* $\overline{AS}$ *und mit* m *die von* $\overline{SB}$. *Dann sind die folgenden Aussagen gleichwertig:*

(a) S *teilt* $\overline{AB}$ *im goldenen Schnitt.*

(b) $M/m = \phi$.

(c) $(M/m)^2 = M/m + 1$.

(d) $a/M = \phi$.

(e) $a/m = \phi + 1$.

Beweis. Daß (a) und (b) gleichwertig sind, steht schon in **1.1**. Die Behauptungen (b) und (c) sind gleichwertig aufgrund des zu Beginn von **1.2** bewiesenen Hilfssatzes. [*Denn:* Ist $M/m = \phi$, so ist $(M/m)^2 = \phi^2 = \phi + 1 = M/m + 1$. Sei nun umgekehrt $(M/m)^2 = M/m + 1$. Setzt man $x = M/m$, so gilt also $x^2 = x + 1$, und es folgt $x = \phi$, also auch $M/m = x = \phi$.]

Nun zu (d) und (e).

Nach Definition ist (a) genau dann wahr, wenn $am = M^2$ gilt. Wegen $a = M + m$ erhalten wir daraus sukzessive:

$$
\begin{array}{lll}
 & am = M^2 & \\
\Leftrightarrow & a(a-M) = M^2 & \text{(Einsetzen von } m = a-M\text{)} \\
\Leftrightarrow & a^2 = M^2 + aM & \\
\Leftrightarrow & (a/M)^2 = a/M + 1 & \text{(Division durch } M^2\text{)} \\
\Leftrightarrow & a/M = \phi & \text{(nach Hilfssatz).}
\end{array}
$$

Daher sind (a) und (d) gleichwertig.

Ähnlich folgt die Äquivalenz von (a) und (e). Wieder beginnen wir mit:

$$
\begin{array}{lll}
 & M^2 = am & \\
\Leftrightarrow & (a-m)^2 = am & \text{(Einsetzen von } M = a-m\text{)} \\
\Leftrightarrow & ((a-m)/m)^2 = a/m = (a-m)/m + 1 & \text{(Division durch } m^2\text{)} \\
\Leftrightarrow & (a-m)/m = \phi & \text{(Hilfssatz)} \\
\Leftrightarrow & a/m = (a-m)/m + 1 = \phi + 1. &
\end{array}
$$

Damit sind alle Aussagen des Satzes bewiesen.□

1.3. Konstruktionen des goldenen Schnittes

Wir werden in diesem Buch den goldenen Schnitt an den verschiedensten geometrischen Objekten (und nicht nur dort!) entdecken. Zur Einstimmung sollen jetzt einige elementare Konstruktionen mit Zirkel und Lineal vorgeführt werden. Prinzipiell unterscheidet man zwei Konstruktionstypen: In einem Fall ist eine Strecke $\overline{AB}$ gegeben, und man sucht einen Punkt, der $\overline{AB}$ im goldenen Schnitt teilt **(Konstruktion des inneren goldenen Schnitts)**. Bei der **Konstruktion des äußeren goldenen Schnitts** ist umgekehrt eine Strecke $\overline{AS}$ gegeben, und man sucht einen Punkt B derart, daß S die Strecke $\overline{AB}$ im goldenen Schnitt teilt. Unter den folgenden Konstruktionen finden sich Beispiele für beide Typen.

1. Konstruktion.

Sei $\overline{AB}$ eine Strecke der Länge a. Man errichte das Lot $\overline{BC}$ in B mit $|BC| = a/2$. Der Kreis um C mit Radius $|CB|$ trifft $\overline{AC}$ in einem Punkt D.

Der Kreis mit Radius $|AD|$ um A schneidet $\overline{AB}$ in S.

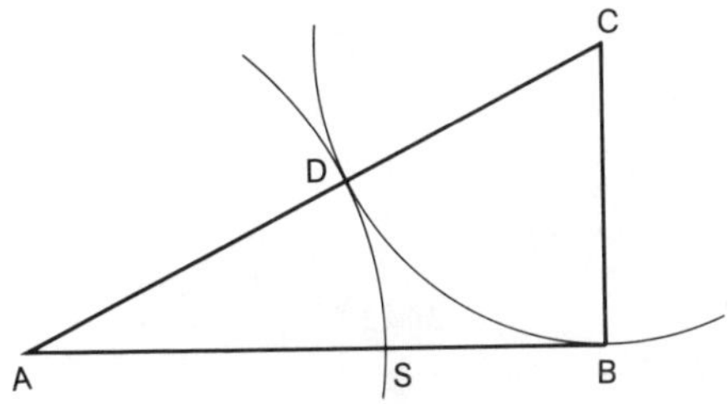

Bild 1.4

Behauptung: S *teilt* $\overline{AB}$ *im goldenen Schnitt.*

Dies ist nicht schwer einzusehen: Denn nach Pythagoras ist

$$|AC| = a\sqrt{5}/2.$$

Wegen

$$|CD| = |CB| = a/2$$

ist daher

$$|AS| = |AD| = |AC| - |CD| = a\sqrt{5}/2 - a/2 = a(\sqrt{5}-1)/2 = a/\phi.$$

Also ist

$$|AB|/|AS| = a/(a/\phi) = \phi.$$

Nach **1.2** teilt also S die Strecke $\overline{AB}$ im goldenen Schnitt.□

2. Konstruktion.

Sei $\overline{AB}$ eine Strecke der Länge a. Man errichte das Lot $\overline{AC}$ in A mit $|AC| = a/2$. Der Kreis um C mit Radius $|CB|$ schneidet die Verlängerung von $\overline{AC}$ in einem Punkt D.

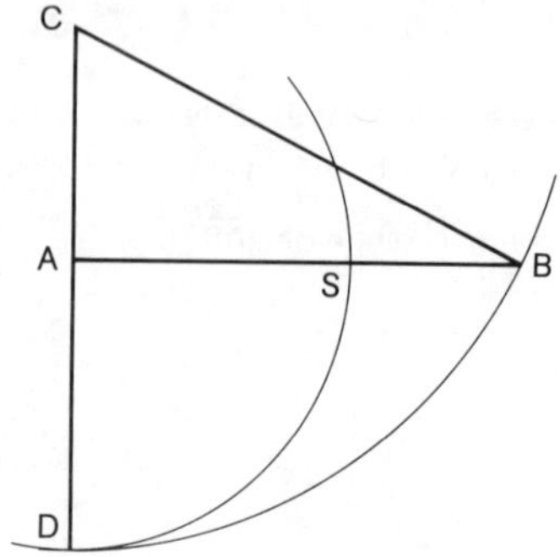

Bild 1.5

Der Kreis mit Radius $|AD|$ um A schneidet die Strecke $\overline{AB}$ in einem Punkt S.

Behauptung: S *teilt* $\overline{AB}$ *im goldenen Schnitt.*

Auch dies ergibt sich einfach: Wieder liefert der Satz von Pythagoras:

$$|CD| = |CB| = a\sqrt{5}/2.$$

Also haben wir:

$$|AS| = |DA| = |DC| - |CA| = a\sqrt{5}/2 - a/2 = a/\Phi,$$

und somit folgt

$$|AB|/|AS| = \Phi. \square$$

Das erstaunliche an der folgenden wunderschönen Konstruktion ist, daß sie nicht 2000 Jahre früher gefunden wurde.

3. Konstruktion (George ODOM 1982).

Sei ΔXYZ ein gleichseitiges Dreieck mit Umkreis *K*. Seien A und S die Mittelpunkte der Seiten $\overline{XZ}$ und $\overline{YZ}$. Die Mittelparallele SA möge den Kreis *K* in den Punkten C und B treffen.

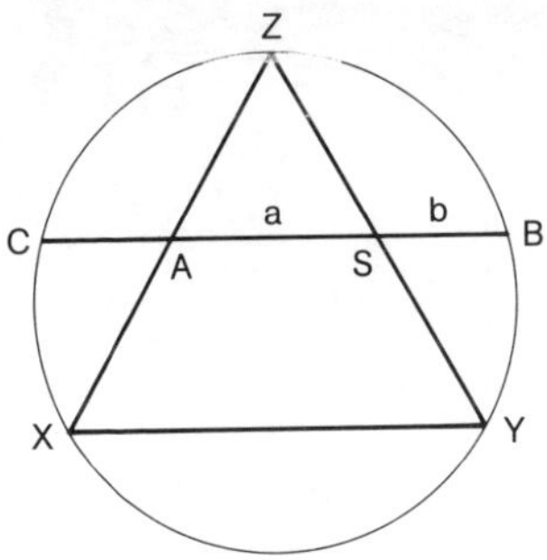

Bild 1.6

Behauptung: S *teilt* $\overline{AB}$ *im goldenen Schnitt.*

Dies sieht man folgendermaßen: Die Seitenlänge unseres Dreiecks sei 2a. Dann ist $|YS| = |SZ| = a$. Der Strahlensatz liefert ferner $|AS| = a$.

Mit b bezeichnen wir die Länge der Strecke $\overline{SB}$; dann ist auch $|AC| = b$.

Nun wenden wir den Sehnensatz an:

$$a^2 = |SY| \cdot |SZ| = |SB| \cdot |SC| = b \cdot (a + b).$$

Das war bereits der Clou – der Rest ist Routine: Es folgt nämlich

$$(a/b)^2 = a/b + 1,$$

also $a/b = \phi$. Das heißt

$$|AS|/|SB| = a/b = \phi,$$

und mit **1.2** folgt, daß S die Strecke $\overline{AB}$ im goldenen Schnitt teilt.□

Bei der folgenden Konstruktion geht es um den äußeren goldenen Schnitt.

4. Konstruktion.

Sei $\overline{AS}$ eine Strecke. Man errichte in S das Lot $\overline{SC}$ mit $|SC| = |AS|$. Der Kreis um den Mittelpunkt E von $\overline{AS}$ mit dem Radius $|EC|$ trifft die Gerade AS (auf der Seite von S) in einem Punkt B.

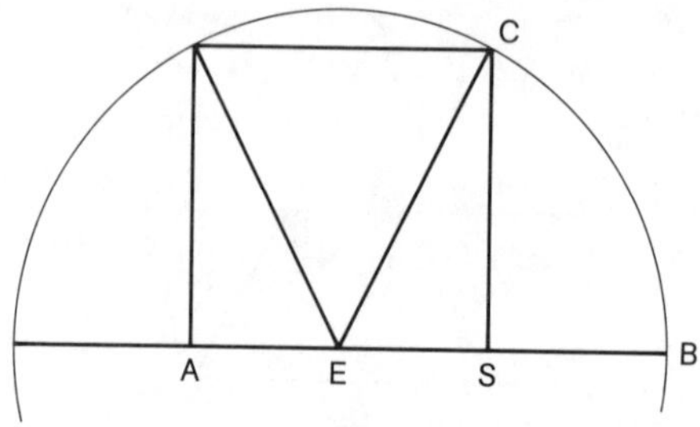

Bild 1.7

Behauptung: $\overline{AB}$ *wird von* S *im goldenen Schnitt geteilt.*

Hat *nämlich* $\overline{AS}$ die Länge c, so ist

$$|EB| = |EC| = c\sqrt{5}/2.$$

Also ist

$$|AB| = |AE| + |EB| = c(\sqrt{5} + 1)/2 = c\cdot\phi,$$

und daher

$$|AB|/|AS| = \phi. \square$$

In der folgenden letzten Konstruktion des ersten Kapitels zaubern wir aus einem gegebenen goldenen Schnitt einen zweiten, dann einen dritten, einen vierten, und so weiter.

5. Konstruktion.

Ein Punkt S möge eine Strecke $\overline{AB}$ im goldenen Schnitt teilen. Der Kreis um A mit Radius |AS| schneidet die Gerade AB in einem zweiten Punkt C.

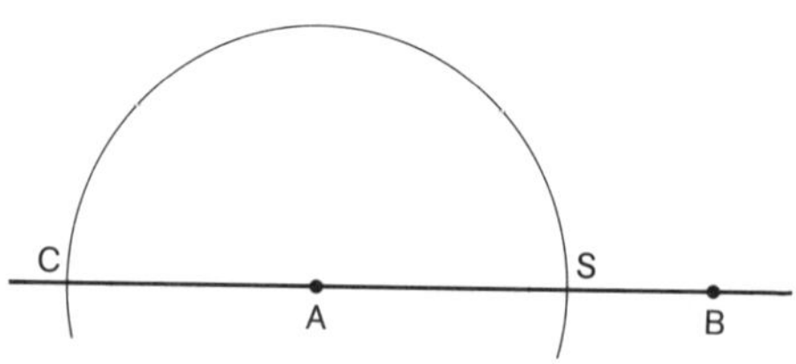

Bild 1.8

Behauptung: A *teilt* $\overline{BC}$ *im goldenen Schnitt.*

Denn aus der Tatsache, daß S die Strecke $\overline{AB}$ im goldenen Schnitt teilt, ergibt sich zunächst

$$|AC| = |AS| = |AB|/\Phi.$$

Daraus folgt dann wegen

$$|BA|/|AC| = |BA|/(|AB|/\Phi) = \Phi$$

die Behauptung.□

Wie gesagt: Man kann die 5. Konstruktion beliebig oft ausführen:

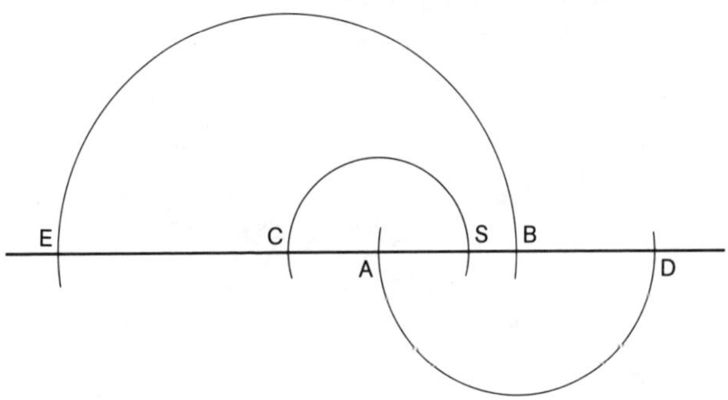

Bild 1.9

Man kann diese Konstruktion aber auch 'nach innen' fortsetzen:

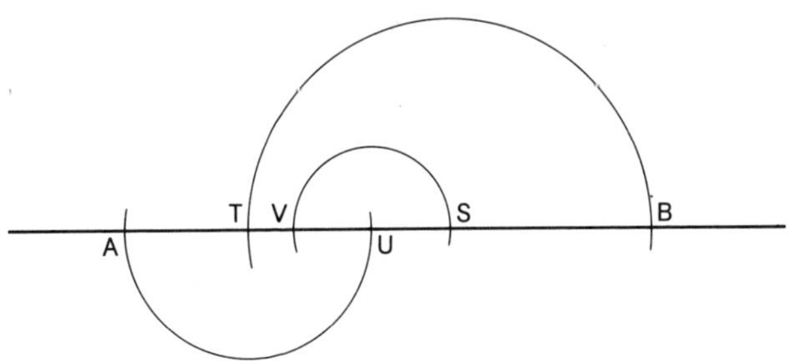

Bild 1.10

1.4 Goldene Zirkel

Ein **goldener Zirkel** ist ein mechanisches Instrument, mit dem man einerseits den goldenen Schnitt bestimmen kann und andererseits in der Lage ist, zu entscheiden, ob ein vorgefundener Punkt eine gegebene Strecke im goldenen Schnitt teilt. Goldene Zirkel wurden z.B. häufig im Schreinerhandwerk verwendet. In Bild 1.11 sind aus dem 1919 erschienenen Buch von R. ENGELHARDT vier solche Zirkel abgebildet.

Das einfachste Modell ist der **Reduktionszirkel**, der aus zwei gleichlangen Stäben besteht, die in dem Punkt, der beide Stäbe im goldenen Schnitt teilt, beweglich aneinander befestigt sind. Ein antiker Vorläufer eines solchen Zirkels wurde z.B. bei den Ausgrabungen in Pompeji gefunden.

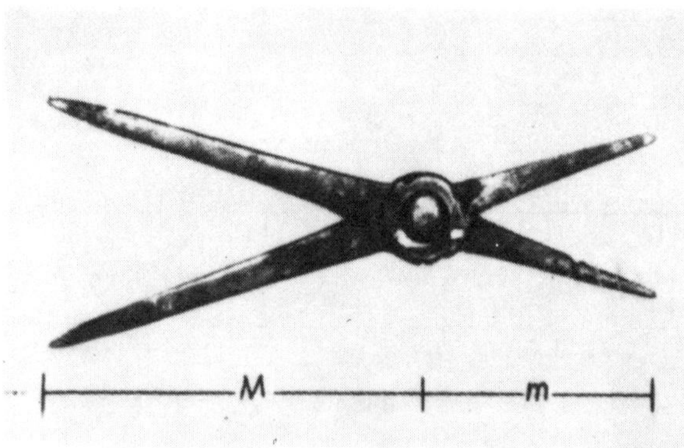

Bild 1.12

Nach dem Strahlensatz stellt sich auf der einen Seite ein Major und auf der anderen Seite der zugehörige Minor ein.

Ein wesentlich komfortableres Modell ist in Bild 1.11 oben rechts zu sehen. (Vergleiche auch die Schemazeichnung in Bild 1.13.)

Dieser goldene Zirkel ist so konstruiert , daß

- die Punkte P bzw. Q die gleichlangen Schenkel $\overline{AS}$ und $\overline{SB}$ im goldenen Schnitt teilen, und außerdem
- $|PT| = |PA|$, sowie $|QT| = |QB|$ gilt.

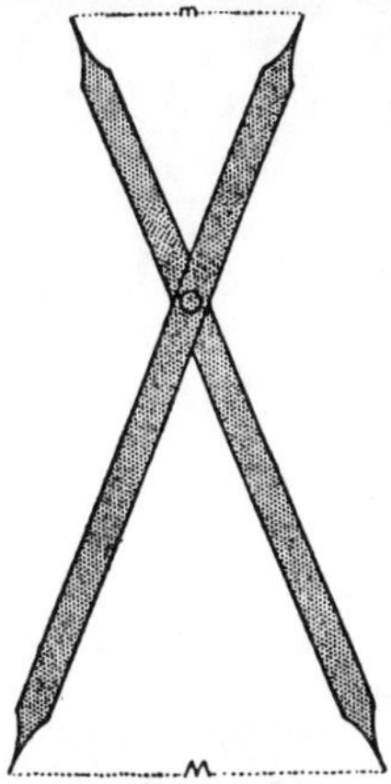

Fig. 5. Älteste und primitivste Form des Goldenen-Schnitt-Zirkels (sog. Reduktions-Zirkel).

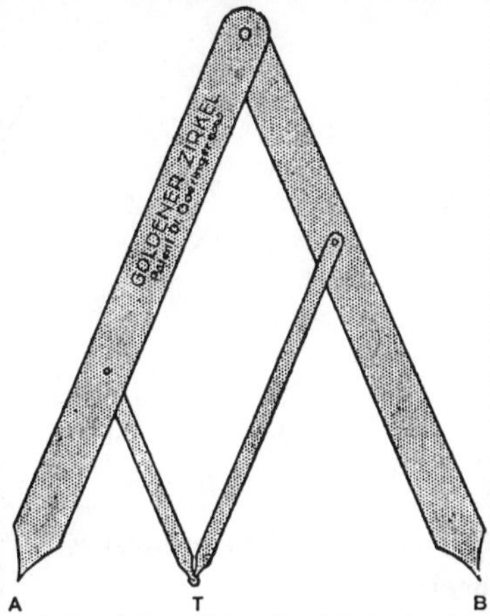

Fig. 6. „Goldener Zirkel" (Patent Dr. Goeringer)

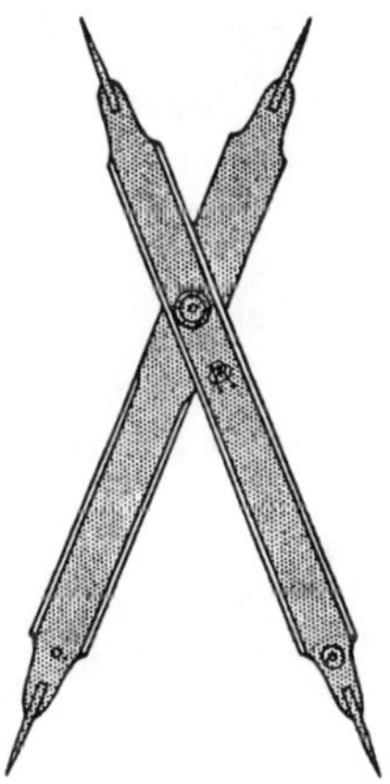

Fig. 7. Goldener-Schnitt-Präzisions-Zirkel der Fa. O. Richter, Chemnitz.

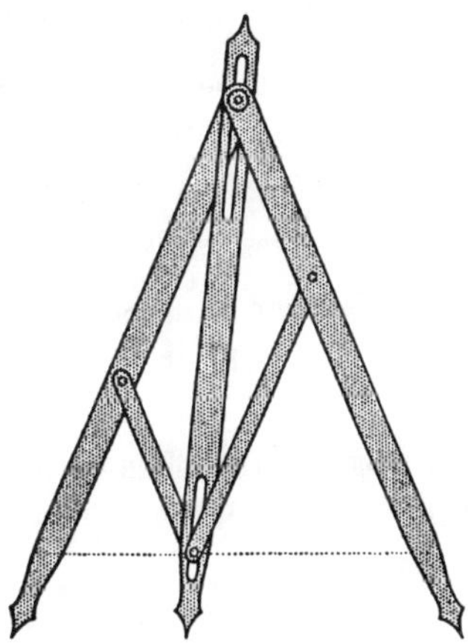

Fig. 8. Goldener-Schnitt-Zirkel mit drei Spitzen.

Goldene-Schnitt-Zirkel.

Bild 1.11

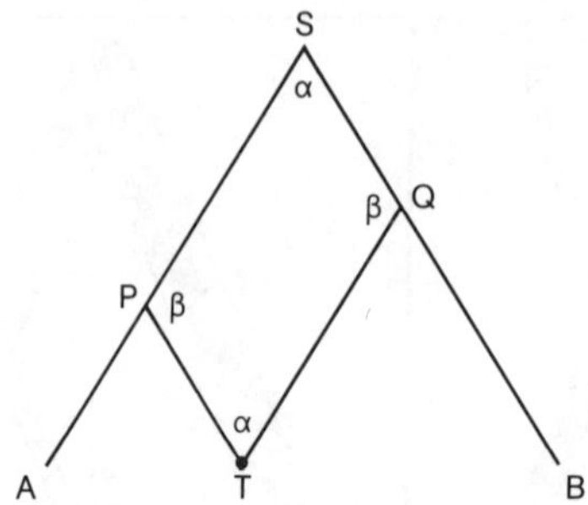

Bild 1.13

Wir machen uns klar, daß dieser Zirkel wirklich, wie angegeben, den Major und den Minor anzeigt:

Sei dazu a die Länge der Schenkel $\overline{AS}$ bzw. $\overline{SB}$. Dann ist

$$|SP| = |QB| = |TQ| \text{ und } |SQ| = |PA| = |PT|.$$

Insbesondere ist also SPTQ ein Parallelogramm. Ist α die Größe des Winkels bei S, dann hat auch der Winkel bei T die Größe α. Daraus ergibt sich die Größe β der Winkel des Parallelogramms bei P und Q als

$$\beta = (360 - 2\alpha)/2 = 180 - \alpha.$$

Da auch der Winkel $\measuredangle APT$ als Nebenwinkel des Winkels $\measuredangle TPS$ die Größe $180-\beta$ hat, hat er die Größe α. Ebenso sieht man, daß auch der Winkel $\measuredangle TQB$ die Größe α hat.

Da nun $|PT| = |AP|$ und $|TQ| = |QB|$ ist, sind die beiden gleichschenkligen Dreiecke ΔAPT und ΔTQB ähnlich. Ist γ die Größe eines Basiswinkels eines dieser Dreiecke, so ist also

$$\gamma + \gamma + \alpha = 180°.$$

Daraus folgt, daß auch die Winkel $\measuredangle ATP$, $\measuredangle PTQ$ und $\measuredangle QTB$ zusammen 180° ergeben. Damit erkennen wir, daß die Punkte A, T und B wirklich auf einer Geraden liegen. (Das 'sah zwar so aus', war aber bislang nicht klar!).

Damit können wir endlich mit

$$|AP| = |AS|/(\phi + 1) = a/(\phi + 1) = a/\phi^2$$

und

$$|QB| = |SB|/\phi = a/\phi$$

die Behauptung

$$|TB|/|AT| = |QB|/|AP| = \phi$$

folgern.□

Übungsaufgaben

1. Welche der Konstruktionen in diesem Kapitel dient zur Konstruktion des äußeren, welche zur Konstruktion des inneren goldenen Schnittes?

2. Zeigen Sie

(a) $\phi^2 + \phi^{-2} = 3$,

(b) $1 + \phi^{-3} = \phi(1 - \phi^{-3})$.

(c) $\phi^{-2} = 2 - \phi$.

Kapitel 2. Das reguläre Fünfeck

An regulären Fünfecken tritt der goldene Schnitt besonders eindrucksvoll in Erscheinung. In der Tat ist das reguläre Fünfeck das wichtigste mathematische Objekt, das in Zusammenhang mit dem goldenen Schnitt steht. In den "Elementen" von EUKLID wird der goldene Schnitt ja vor allem deswegen eingeführt, um ein reguläres Fünfeck konstruieren zu können.

In diesem Abschnitt werden wir zuerst zeigen, daß sich die Diagonalen eines regulären Fünfecks im goldenen Schnitt teilen. Es bietet sich an, daran anschließend "goldene Dreiecke" zu konstruieren und geometrische Konstruktionen des regulären Fünfecks anzugeben. Zum Abschluß zeigen wir, wie man den goldenen Schnitt ganz handgreiflich durch Papierfalten erhalten kann.

2.1 Diagonalen im regulären Fünfeck

Ein konvexes n-Eck heißt **regulär**, falls alle seine Seiten die gleiche Länge haben und alle Innenwinkel gleich groß sind. Zum Beispiel sind die Quadrate genau die regulären Vierecke.

Bevor wir das Hauptergebnis über die Diagonalen regulärer Fünfecke formulieren, machen wir uns die Aussagen des folgenden Hilfssatzes klar.

Hilfssatz. *Sei* $\mathbf{F} = P_1P_2P_3P_4P_5$ *ein reguläres Fünfeck. Dann gilt:*

(a) *Die Größe jedes Innenwinkels ist* 108°.

(b) *Alle Diagonalen haben dieselbe Länge.*

(c) *Jede Seite ist parallel zu der ihr "gegenüberliegenden" Diagonalen; z.B. gilt* $\overline{P_1P_2} \parallel \overline{P_3P_5}$, $\overline{P_2P_3} \parallel \overline{P_1P_4}$, *usw.*

Beweis. (a) Bekanntlich ist die Winkelsumme eines beliebigen n-Ecks gleich $(n-2)\cdot 180°$; unser Fünfeck **F** hat also eine Winkelsumme von 540°. Da **F** regulär ist, hat jeder Innenwinkel die gleiche Größe, also muß seine Größe $540/5 = 108$ Grad sein.

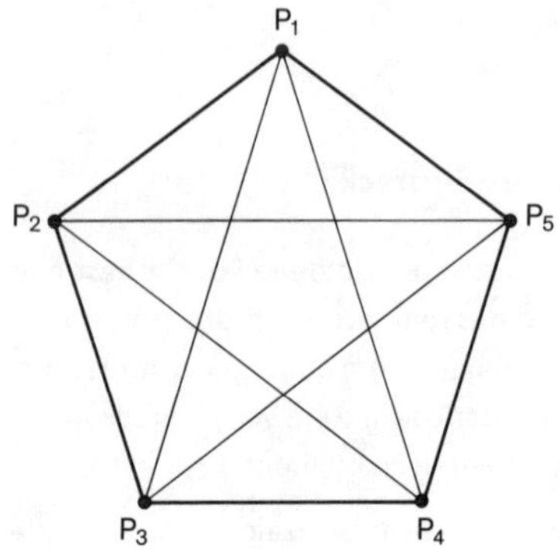

Bild 2.1

(b) Aus Symmetriegründen ergibt sich sofort, daß zwei Diagonalen, die eine Ecke von F gemeinsam haben, gleich lang sind (z.B. sind $\overline{P_1P_3}$ und $\overline{P_1P_4}$ gleich lang). Daraus folgt dann Schritt für Schritt, daß alle Diagonalen die gleiche Länge haben [Denn betrachten wir beispielsweise die Diagonalen $\overline{P_1P_3}$ und $\overline{P_2P_4}$. Nach obigem Schluß sind $\overline{P_1P_3}$ und $\overline{P_1P_4}$ gleich lang; ebenso haben $\overline{P_1P_4}$ und $\overline{P_2P_4}$ die gleiche Länge. Daher sind auch $\overline{P_1P_3}$ und $\overline{P_2P_4}$ gleich lang].

(c) Es ist klar, daß wir diese Aussage nur für eine Seite zu zeigen haben, z.B. für $\overline{P_1P_2}$.

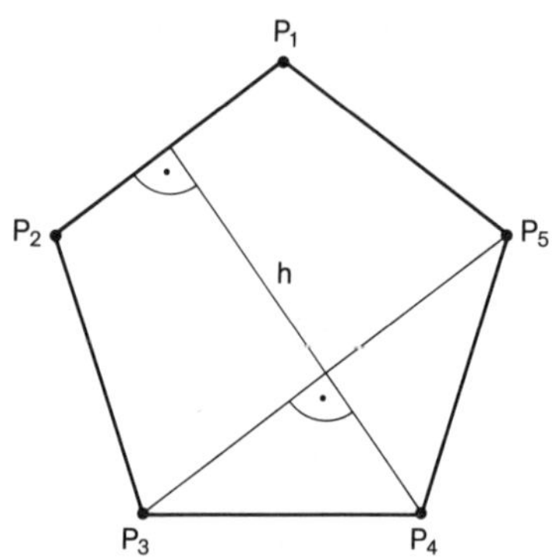

Bild 2.2

Das Lot h von P_4 auf $\overline{P_1P_2}$ ist eine Symmetrieachse von **F**. Daher stehen sowohl $\overline{P_1P_2}$ als auch $\overline{P_3P_5}$ senkrecht auf h und sind also parallel. □

Nun können wir den folgenden wichtigen Satz beweisen, der die Grundlage aller weiteren Untersuchungen dieses Kapitels ist.

Satz. *Sei* **F** = $P_1P_2P_3P_4P_5$ *ein reguläres Fünfeck. Dann gilt:*

(a) *Je zwei Diagonalen, die sich nicht in einer Ecke von* **F** *schneiden, teilen einander im goldenen Schnitt.*

(b) *Das Verhältnis der Länge einer Diagonalen zur Länge einer Seite ist* ϕ.

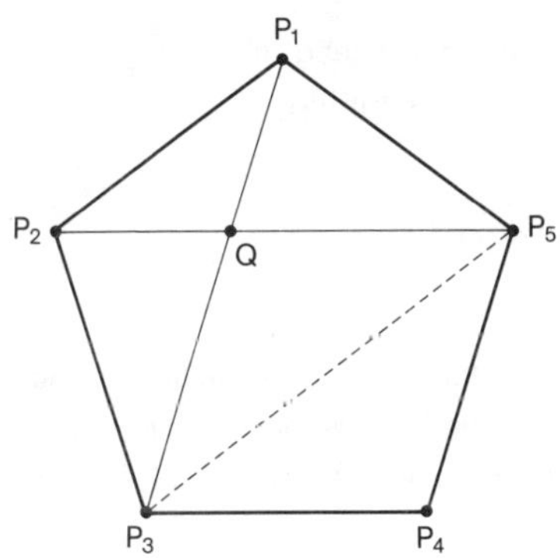

Bild 2.3

Beweis. Wir betrachten den Schnittpunkt Q der Diagonalen $\overline{P_1P_3}$ und $\overline{P_2P_5}$. Da $\overline{P_1P_2}$ und $\overline{P_3P_5}$ parallel sind, ergibt sich mit Hilfe des Strahlensatzes

$$|QP_3|/|QP_1| = |P_3P_5|/|P_1P_2|.$$

Ferner ergibt sich aus der Definition eines regulären Fünfecks $|P_1P_2| = |P_4P_5|$, und der obige Hilfssatz sagt insbesondere $|P_3P_5| = |P_1P_3|$.

Zusammen gilt daher auch

$$|QP_3|/|QP_1| = |P_1P_3|/|P_4P_5|$$

Es bleibt also nur noch zu zeigen, daß $|P_4P_5| = |QP_3|$ gilt.

Im nächsten Schritt weisen wir dazu nach, daß $QP_3P_4P_5$ ein Parallelogramm ist. Wir müssen zeigen, daß sowohl $\overline{QP_3}$ und $\overline{P_4P_5}$, als auch $\overline{QP_5}$ und $\overline{P_3P_4}$ jeweils parallel sind. Auch dies folgt aber aus dem zuvor bewiesenen Hilfssatz; dieser sagt nämlich $\overline{P_4P_5} \parallel \overline{P_1P_3}$ und daher $\overline{P_4P_5} \parallel \overline{QP_3}$. Ferner ist $\overline{P_3P_4} \parallel \overline{P_2P_5}$ und daher $\overline{P_3P_4} \parallel \overline{QP_5}$.

Also ist $QP_3P_4P_5$ tatsächlich ein Parallelogramm. Daraus folgt insbesondere:

$$|QP_3| = |P_4P_5|.$$

Fassen wir nun unsere Ergebnisse zusammen:

$$|QP_3|/|QP_1| = |P_1P_3|/|P_4P_5| = |P_1P_3|/|QP_3|.$$

Daraus schließen wir, daß Q die Strecke $\overline{P_1P_3}$ im goldenen Schnitt teilt. Da $\overline{P_1P_3}$ eine beliebige Diagonale ist, haben wir Teil (a) des Satzes schon bewiesen.

Damit ist auch (b) nicht mehr schwierig: Nach (a) gilt $|P_1P_3|/|QP_3| = \phi$. Wegen $|QP_3| = |P_4P_5|$, folgt also $|P_1P_3| = \phi \cdot |P_4P_5|$. □

2.2 Das goldene Dreieck

Ein Dreieck heißt **golden**, falls es gleichschenklig ist und sich die Länge eines Schenkels zur Länge der Grundseite verhält wie $\phi : 1$. Mit anderen Worten: Ein Dreieck ist golden, wenn es die Seitenlängen $a, \phi a, \phi a$ hat.

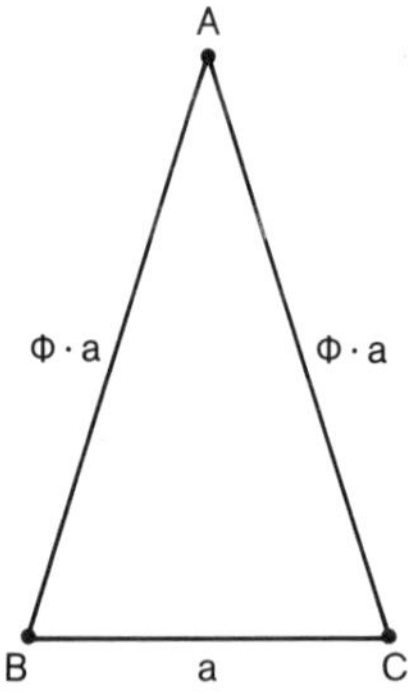

Bild 2.4

Goldene Dreiecke lassen sich leicht mit Zirkel und Lineal konstruieren. Sei eine Strecke $\overline{BC}$ der Länge a gegeben. Mit Hilfe einer der Konstruktionen aus Kapitel 1 können wir daraus eine Strecke der Länge ϕa konstruieren. Die Kreise mit Radius ϕa um B und C schneiden sich in den Punkten A und A'. Es folgt, daß sowohl ΔABC als auch $\Delta A'BC$ goldene Dreiecke sind, deren Grundseite $\overline{BC}$ die Länge a hat.

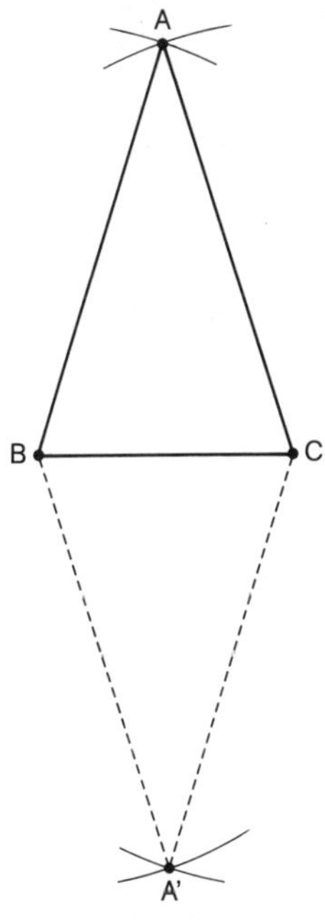

Bild 2.5

Ferner finden sich in jedem regulären Fünfeck goldene Dreiecke: Sei **F** = $P_1P_2P_3P_4P_5$ ein reguläres Fünfeck. Da die Länge einer jeden Diagonalen das ϕ-fache der Länge einer Seite von **F** ist, ist z.B. $\Delta P_1P_3P_4$ ein goldenes Dreieck.

Ein reguläres Fünfeck mit Seitenlänge a kann daher einfach zusammengesetzt werden aus einem goldenen Dreieck (in unserem Beispiel $\Delta P_1P_3P_4$) und zwei jeweils gleichschenkligen Dreiecken mit den Seitenlängen a, a, ϕa (in unserem Beispiel $\Delta P_1P_2P_3$ und $\Delta P_1P_4P_5$).

Mit Hilfe dieser "Einbettung" eines goldenen Dreiecks in ein reguläres Fünfeck kann man ganz einfach folgende Aussage beweisen.

Hilfssatz. *Die Basiswinkel eines goldenen Dreiecks haben die Größe 72°, während der Winkel an der Spitze die Größe 36° hat. Umgekehrt ist jedes Dreieck, dessen Winkel die Größen 72°, 72°, 36° haben, ein goldenes Dreieck.*

Beweis. Sei $\Delta P_1P_3P_4$ ein goldenes Dreieck. Der Trick dieses Beweises besteht darin, zu zeigen, daß jeder Basiswinkel β genau doppelt so groß ist wie der Winkel α an der Spitze P_1 von $\Delta P_1P_3P_4$.

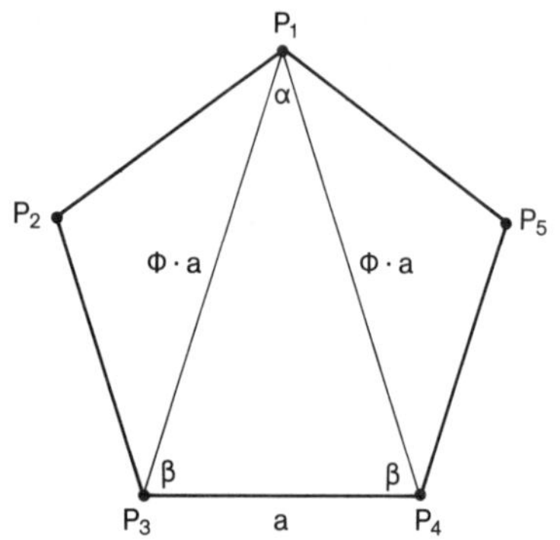

Bild 2.6

Dazu denken wir uns das goldene Dreieck wie oben beschrieben in ein reguläres Fünfeck $\mathbf{F} = P_1P_2P_3P_4P_5$ eingebettet.

Aus Symmetriegründen hat dann nicht nur der Winkel $\measuredangle P_3P_1P_4$, sondern auch die Winkel $\measuredangle P_5P_2P_4$, $\measuredangle P_1P_3P_5$, $\measuredangle P_2P_4P_1$ und $\measuredangle P_3P_5P_2$ den Wert α.

Da die Geraden P_1P_2 und P_3P_5 parallel sind, können wir die Stufenwinkel $\measuredangle P_2P_1P_3$ und $\measuredangle P_1P_3P_5$ betrachten. Da der letztere gleich α ist, hat auch $\measuredangle P_2P_1P_3$ den Wert α.

Die gleiche Überlegung liefert, daß weitere neun Winkel gleich α sind. Insbesondere ist also $\beta = 2\alpha$.

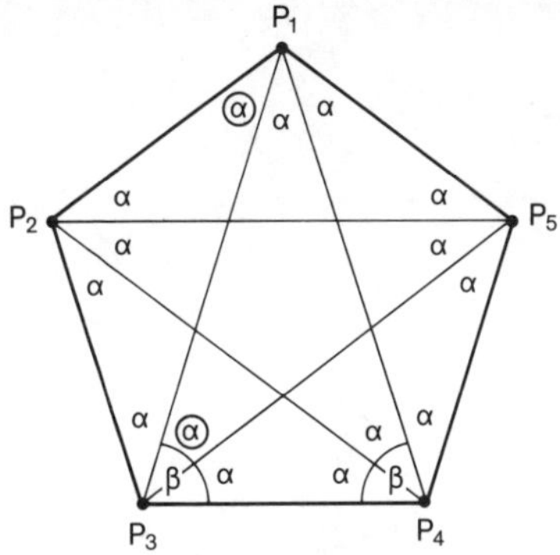

Bild 2.7

Also ist die Winkelsumme im Dreieck $\Delta P_1P_3P_4$ gleich $2\beta + \alpha = 5\alpha$. Daher berechnet sich α als $\alpha = 180°/5 = 36°$; folglich ist $\beta = 72°$.

Umgekehrt ergibt sich, daß jedes Dreieck mit diesen Innenwinkeln ein goldenes Dreieck ist (denn ein Dreieck mit diesen Innenwinkeln und der Grundseitenlänge a ist kongruent zu dem goldenen Dreieck mit dieser Grundseitenlänge).□

Als Folgerung aus diesem Hilfssatz wollen wir festhalten, daß sich *ein Winkel von 72° mit Zirkel und Lineal konstruieren läßt* (denn ein goldenes Dreieck läßt sich konstruieren, und ein solches hat – wie wir eben gezeigt haben – Basiswinkel von 72°).

2.3 Geometrische Konstruktionen regulärer Fünfecke

Wir wollen hier kurz einige Konstruktionen regulärer Fünfecke mit Zirkel und Lineal angeben.

(a) Um ein reguläres Fünfeck mit Hilfe von Zirkel und Lineal in einen gegebenen Kreis einzubeschreiben, zeichnen wir vom Mittelpunkt O des Kreises fünf Strahlen derart, daß je zwei aufeinanderfolgende Strahlen einen Winkel von 72° bilden. (Aus obiger Folgerung wissen wir, daß der Winkel von 72° mit Zirkel und Lineal konstruierbar ist). Die Schnittpunkte dieser Strahlen mit der Kreislinie ergeben dann die Eckpunkte des gesuchten Fünfecks.

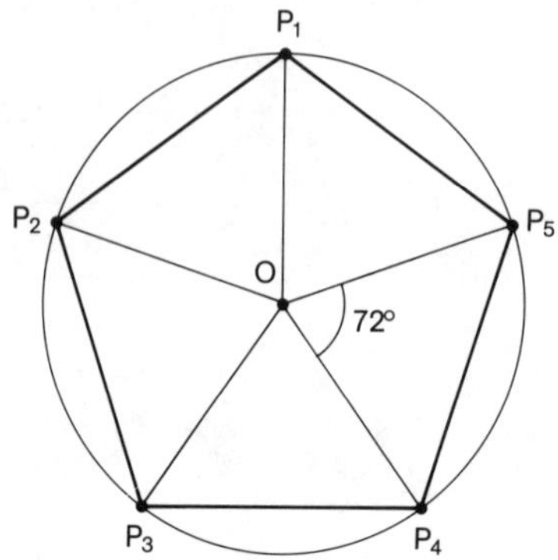

Bild 2.8

(b) Um ein reguläres Fünfeck mit einer gegebenen Seitenlänge a zu konstruieren, gehen wir von einem goldenen Dreieck $\Delta P_1P_3P_4$ mit der Grundseitenlänge $|P_3P_4| = a$ aus. Als Schnittpunkt der Kreise mit Radius a um P_1 bzw. P_3 erhalten wir dann einen Punkt P_2. (Dieser ist tatsächlich der Eckpunkt des Fünfecks, denn wir haben ja das noch fehlende Dreieck mit den Seitenlängen $a, a, a\phi$ konstruiert).

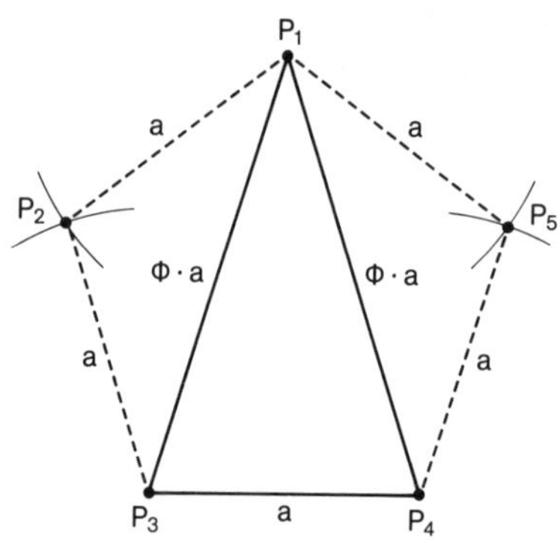

Bild 2.9

Auf ähnliche Weise erhält man dann den noch fehlenden Fünfeckspunkt P_5 durch Kreise um P_1 und P_4.

(c) Die folgende Konstruktion ist im wesentlichen die, die EUKLID im vierten Buch seiner "Elemente" als 11. Aufgabe gestellt hat. Man geht von einem goldenen Dreieck ΔACD (mit Spitze bei A) aus. Betrachte den Umkreis K dieses Dreiecks. (Der Mittelpunkt von K ist der Schnittpunkt der Mittellote auf AC bzw. AD.)

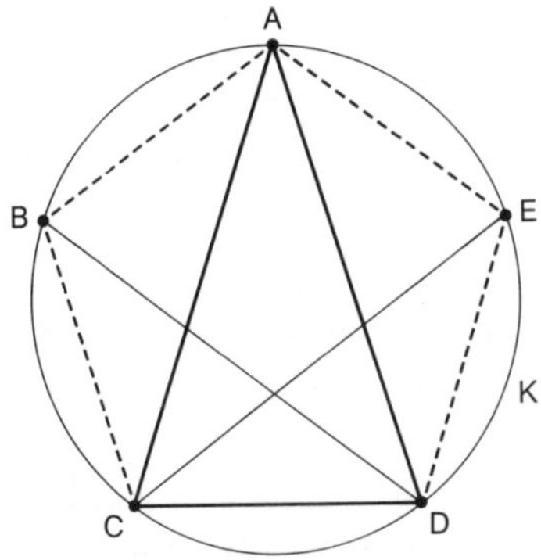

Bild 2.10

Die Winkelhalbierende von $\measuredangle ACD$ schneidet K in einem zweiten Punkt E; ebenso schneidet die Winkelhalbierende von $\measuredangle ADC$ den Kreis in einem zweiten Punkt B.

Behauptung: ABCDE ist ein reguläres Fünfeck.

Den Nachweis dieser Behauptung überlassen wir dem Leser als Übungsaufgabe.

2.4 Eine Konstruktion durch Papierfaltung

Mit dem folgenden einfachen 'Zaubertrick' erhält man sowohl ein reguläres Fünfeck als auch den goldenen Schnitt ganz handgreiflich:

Man nehme einen langen, schmalen Streifen Papier,

mache einen einfachen Knoten,

ziehe ihn fest und

drücke ihn platt...

...Abrakadabra, Simsalabim

--- augenscheinlich erhält man ein reguläres Fünfeck, von dem eine Diagonale sichtbar ist, die von einer anderen im goldenen Schnitt geteilt wird.

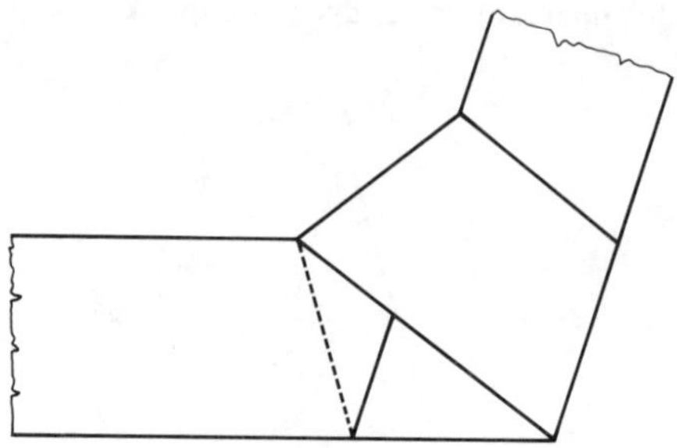

Bild 2.11

Bevor wir diesen Vorgang mathematisch analysieren, möge der Leser selbst einen Papierstreifen knoten. Vielen der folgenden Argumente kann man besser folgen, wenn man das Ergebnis vor sich sieht.

Wir machen uns zunächst folgenden geometrischen Hilfssatz klar, dem man nicht auf den ersten Blick ansieht, daß er unseren Knotenzauber erklärt.

Hilfssatz. *Sei* ABCD *ein symmetrisches Trapez.*

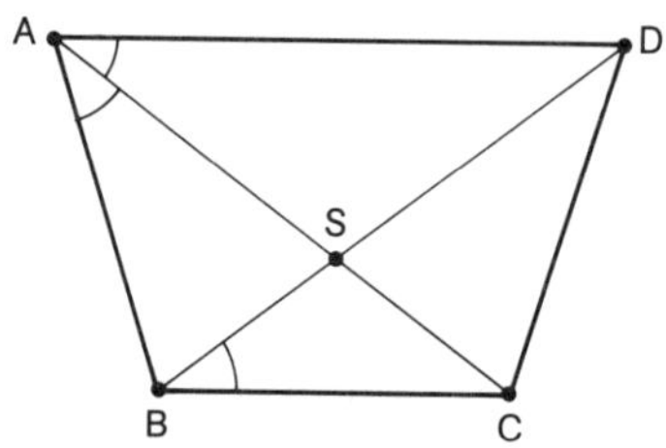

Bild 2.12

(a) *Gilt*

$$|AB| = |BC| = |CD|,$$

so ist AC *die Winkelhalbierende des Winkels* $\measuredangle$BAD.

(b) *Hat zusätzlich der Winkel* $\measuredangle BAD$ *genau* 72°, *so verhalten sich die Längen von* $\overline{AC}$ *und* $\overline{AB}$ *wie* ϕ *zu* 1.

Beweis. (a) Nach Voraussetzung ist ΔBAC ein gleichschenkliges Dreieck. Also ist $\measuredangle BAC = \measuredangle BCA$. Aus dem gleichen Grund folgt $\measuredangle CBD = \measuredangle BDC$. Da unser Trapez symmetrisch ist, sind also alle vier betrachteten Winkel gleich.

Sei nun S der Schnittpunkt der beiden Diagonalen $\overline{AC}$ und $\overline{BD}$. Da Scheitelwinkel die gleiche Größe haben, ergibt sich $\measuredangle ASD = \measuredangle BSC$.

Daraus folgt, daß die Basiswinkel des gleichschenkligen Dreiecks ΔSAD die gleiche Größe haben wie die Basiswinkel von ΔSBC. Somit haben wir zusammen $\measuredangle BAC = \measuredangle CBD = \measuredangle CAD$. Mit anderen Worten: AC ist wirklich die Winkelhalbierende von $\measuredangle BAD$.

(b) Wegen unserer Voraussetzung folgt mit Hilfe von (a) $\measuredangle CAD = 36°$. Da das Trapez symmetrisch ist, ist auch $\measuredangle ADC = 72°$. Nun ist die Winkelsumme im Dreieck ΔACD gleich 180°. Daraus ergibt sich $\measuredangle ACD = 72°$.

Also ist ΔACD ein Dreieck mit den Winkeln 36°, 72°, 72° und somit ein goldenes Dreieck. Daher hat ΔACD die Seitenlängen $a, \phi a, \phi a$ für eine geeignete Zahl a. Das bedeutet aber

$$|AC|/|AB| - |AC|/|CD| = \psi/1 = \psi. \square$$

Nun können wir uns unserem Faltproblem zuwenden. Unser Ziel ist, zu beschreiben, welche Knicke beim Falten entstehen. Das sehen wir, wenn wir das Pferd vom Schwanz her aufzäumen: Wir geben ein Arrangement von Linien auf einem Streifen vor und zeigen dann, daß diese Linien genau die Knickkanten bei der Knotenbildung sind.

Die beiden Enden des Streifens bezeichnen wir mit E_1 und E_2. Nun zeichnen wir

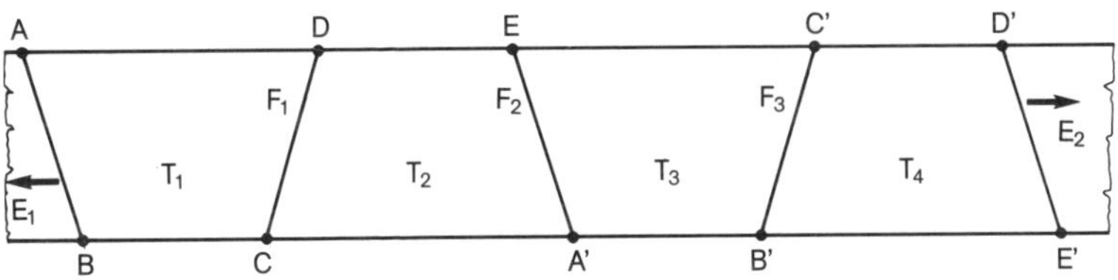

Bild 2.13

vier symmetrische Trapeze, die den Voraussetzungen (a) und (b) des obigen Hilfssatzes genügen, gemäß Bild 2.13 auf unseren Streifen.

Wir zeigen, daß man den Knoten erhält, indem man nacheinander an F_1, F_2 und F_3 faltet.

Falten wir zunächst an F_1.

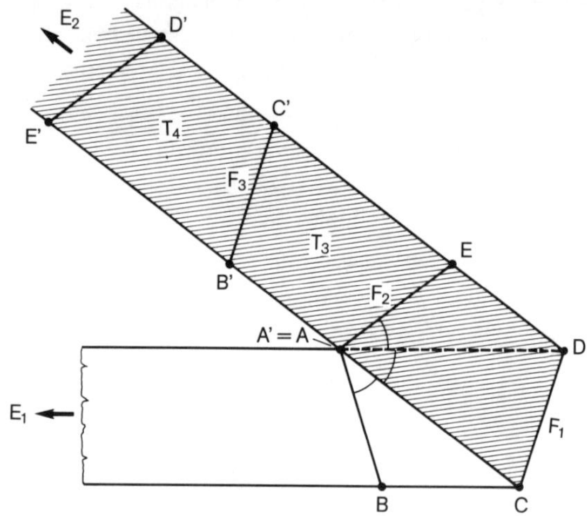

Bild 2.14

Nach dem Hilfssatz ist $\measuredangle ACD = 72° = \measuredangle DCA'$ und $|AC| = |CA'|$ ($= \phi \cdot |CD|$). Das bedeutet nun nichts anderes, als daß A' beim Falten an F_1 auf A zu liegen kommt.

Ferner ist nun (d.h. nach dem ersten Faltvorgang) ABCDE ein reguläres Fünfeck. (Dies sieht man einfach: Alle Seiten haben die Länge $|AB|$. Daß das Fünfeck gleichwinklig ist, sieht man, wenn man sich klar macht, daß die Winkel, die in den Trapezen auftauchen, entweder 72° oder 108° sind.)

Nun falten wir an F_2.

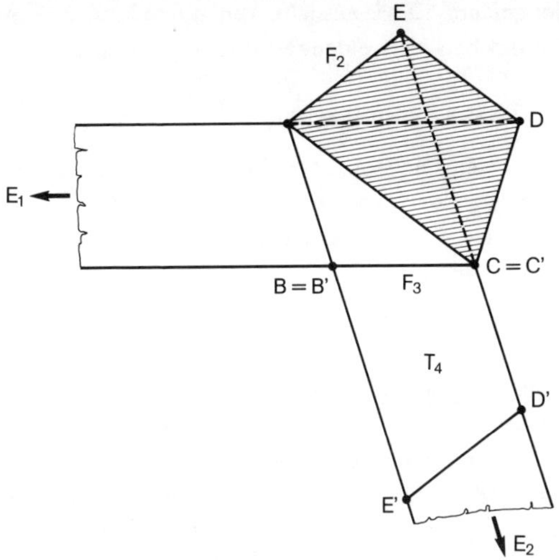

Bild 2.15

Dies hat den Effekt, daß das Trapez T_3 hinter den Trapezen T_1 und T_2 verschwindet. Der Hilfssatz garantiert wieder, daß B auf B' und C auf C' liegt. Insbesondere liegt also die Faltkante F_3 genau unter $\overline{BC}$.

Falten wir schließlich an F_3 und ziehen das Ende E_2 zwischen T_1 und T_2 hindurch, so konnen wir den Hilfssatz ein letztes Mal anwenden. Er sagt, daß D auf D' und E auf E' zu liegen kommt.

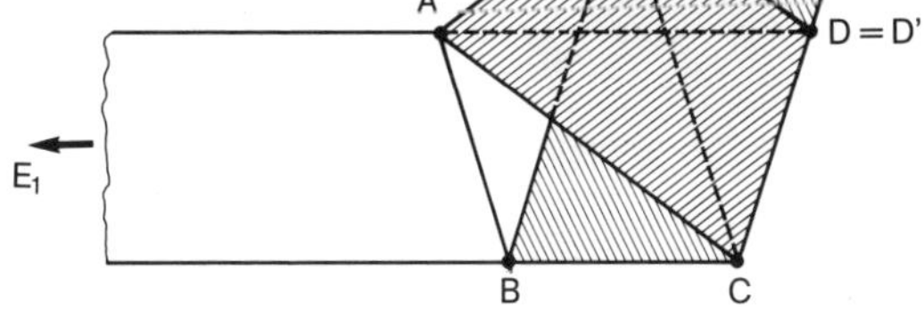

Bild 2.16

Damit haben wir den gesamten Faltvorgang in unserem 'mathematischen Labor' rekonstruiert. Als Erkenntnis gewinnen wir, daß das, was wie ein reguläres Fünfeck bzw. wie der goldene Schnitt aussieht, nicht nur so aussieht, sondern wirklich ein reguläres Fünfeck bzw. der goldene Schnitt ist.

2.5 Einige historische Bemerkungen

Hartnäckigen Gerüchten zum Trotz ist es eher unwahrscheinlich, daß die ägyptischen Erbauer der Pyramiden (etwa 2000 v. Chr.) den goldenen Schnitt gekannt und ihn beim Bau der Pyramiden verwendet haben (In Kapitel 10 werden wir dies ausführlich diskutieren) .

Hingegen kann man als gesichert annehmen, daß den Pythagoräern im 5. vorchristlichen Jahrhundert der goldene Schnitt bekannt war. HIPPASOS von Metapont, der ein unmittelbarer Schüler des PYTHAGORAS gewesen sein könnte, soll in diesem frühen Stadium der griechischen Mathematik das reguläre Fünfeck und, im Zusammenhang damit, den goldenen Schnitt entdeckt haben. Der Historiker IAMBLICHOS aus Chalkis (283–330) schreibt jedenfalls, HIPPASOS habe "zuerst die aus zwölf Fünfecken zusammengesetzte Kugel öffentlich beschrieben und sei deshalb als ein Gottloser im Meere umgekommen" (Historisch interessant ist dabei, daß die Irrationalität nicht an der Diagonale des Quadrats, sondern an der Diagonale des regulären Fünfecks entdeckt wurde) .

Das reguläre Fünfeck hat bei den Pythagoräern eine außerordentlich wichtige Rolle gespielt. Sie maßen ihm geheimnisvolle Kräfte und Eigenschaften zu. Das **Pentagramm** (oder **Sternfünfeck**), das entsteht, wenn man die Seiten eines regulären Fünfecks verlängert, bis sie sich schneiden, diente als Erkennungszeichen für die Mitglieder ihrer Bruderschaft.

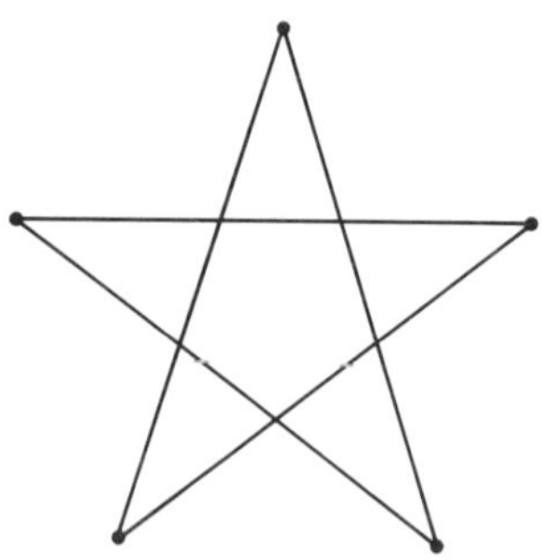

Bild 2.17

Das Pentagramm war für sie das Symbol der Gesundheit. M. CANTOR schreibt "Gesundheit heisst auch bei ihnen das dreifache Dreieck, das durch gegenseitige

Verschlingung das Fünfeck erzeugt, das sogenannte Pentagramm", während HUNTLEY sogar meint, daß die fünf Winkel des Pentagramms wahrscheinlich mit den Buchstaben ΥΓΙΘΑ abgekürzt wurden, die zusammen das Wort für Gesundheit ergeben (Θ steht dabei für den Diphthong EI).

Von der Entdeckung irrationaler Größen am Fünfeck bis zur Definition des goldenen Schnitts scheint es nur ein kleiner Schritt zu sein. Deshalb nimmt man allgemein als wahrscheinlich an, daß HIPPASOS oder ein anderer "Mathematiker" nach ihm auf die Definition des goldenen Schnitts gestoßen ist. Überlieferte Nachrichten darüber gibt es aber nicht. In manchen Quellen (CANTOR, HAASE) wird auch EUDOXOS als möglicher Entdecker des goldenen Schnitts vermutet.

Erst bei EUKLID im Buch II, Satz 11 findet sich dann eine schriftliche Fixierung des goldenen Schnitts als Lehrsatz mit Beweis [Der kanadische Mathematiker R. FISCHLER vertritt allerdings die Meinung, daß zu dem Zeitpunkt, als EUKLID diesen Satz formulierte, noch gar nicht bekannt gewesen sei, daß sich die Diagonalen eines regulären Fünfecks im goldenen Schnitt teilen. Nach Fischlers Ansicht ist die Formulierung des goldenen Schnitts bei EUKLID nur ein Nebenprodukt zu Satz III,36 ("Sehnentangentensatz").].

*

Das Pentagramm hat übrigens seine symbolische Kraft auch in späteren Zeiten behalten. Es spielte im Mittelalter in den magischen Wissenschaften eine große Rolle und wurde zum Beispiel als "Drudenfuß" zum Schutz vor Hexen und bösen Geistern, "insbesondere um Schlafende vor der Drude, dem Alpdrücken, zu bewahren", benutzt (Timerding S. 6).

Ein später Reflex findet sich in Goethes "Faust". Mephistopheles kann Faustens "Studierzimmer" nicht verlassen, denn

Gesteh ich's nur! Daß ich hinausspaziere,
Verbietet mir ein kleines Hindernis,
Der Drudenfuß auf Eurer Schwelle –

worauf Faust erstaunt antwortet

Das Pentagramma macht Dir Pein?

Mephistopheles ist natürlich auch in diesem Fall nicht lange um eine Lösung verlegen. Durch allerlei dienstbare Geister läßt er Faust einschläfern, um dann einer Ratte zu befehlen, "dieser Schwelle Zauber zu zerspalten", indem sie eine Spitze des Pentagramms abnagt und so Mephistopheles das Entkommen ermöglicht.

Übungsaufgaben

1. Zeigen Sie:

(a) Beim Pentagramm sind die fünf äußeren "Zacken" jeweils goldene Dreiecke.

(b) Ein regelmäßiges Zehneck besteht genau aus 10 kongruenten goldenen Dreiecken (deren Spitze jeweils der Mittelpunkt des Zehnecks ist).

(c) Überlegen Sie sich mit Hilfe von (b) eine weitere Konstruktionsmöglichkeit des regulären Fünfecks.

2. Zeigen Sie:

(a) Wenn man die Seiten eines regulären Fünfecks verlängert, so erhält man als deren Schnittpunkte die Eckpunkte eines weiteren, um den Faktor ϕ^2 größeren Fünfecks.

(b) Die Schnittpunkte der Diagonalen eines regulären Fünfecks formen hingegen ein (um den Faktor ϕ^{-2}) kleineres reguläres Fünfeck.

3. Ein reguläres Fünfeck sei in einen Kreis einbeschrieben. Sei u der Umkreisradius, i der Inkreisradius und s die Seitenlänge des Fünfecks. Dann gilt:

(a) $i/u = \phi/2$

(b) $s/u = \sqrt{(1 + \phi^{-2})}$.

4. Sei ein Kreis mit Radius u und Mittelpunkt M gegeben. Konstruieren Sie mit Zirkel und Lineal ein in diesen Kreis einbeschriebenes regelmäßiges Fünfeck mit Hilfe der Gleichung in der Aufgabe **3 (b)**.

[Hinweis: Aufgrund der Gleichung erhält man eine Fünfecksseite mit Länge s als Hypothenuse eines rechtwinkligen Dreiecks mit Kathetenlängen u und $\phi^{-1}u$.]

5. Beweisen Sie die folgenden trigonometrischen Formeln:

(a) $2 \cdot \cos 36° = \phi = 2 \cdot \sin 54°$.

(b) $\sin 72°/\sin 36° = \phi$.

6. Zeigen Sie, daß sich bei Euklids Konstruktion [s. 2.3 (c)] wirklich ein reguläres Fünfeck ergibt. [Hinweis: Überlegen Sie sich, daß ein Punkt eines regulären Fünfecks schon durch die beiden folgenden Bedingungen charakterisiert ist: seine Lage auf dem Umkreisradius des Fünfecks und ein mit zwei anderen Fünfeckspunkten gebildeter Winkel von 36°.]

Kapitel 3. Goldene Rechtecke und platonische Körper

Im ersten Teil dieses Kapitels werden die "goldenen Rechtecke" vorgestellt. In der zweiten Hälfte werden wir dann sehen, daß in vielen der sogenannten "platonischen Körper" goldene Rechtecke äußerst attraktiv verborgen sind.

3.1 Goldene Rechtecke

Wir nennen ein Rechteck **golden**, falls sich die Längen seiner Seiten wie ϕ: 1 verhalten.

Goldene Rechtecke kann man bequem konstruieren, etwa mit Hilfe der 4. Konstruktion aus Kapitel 1.

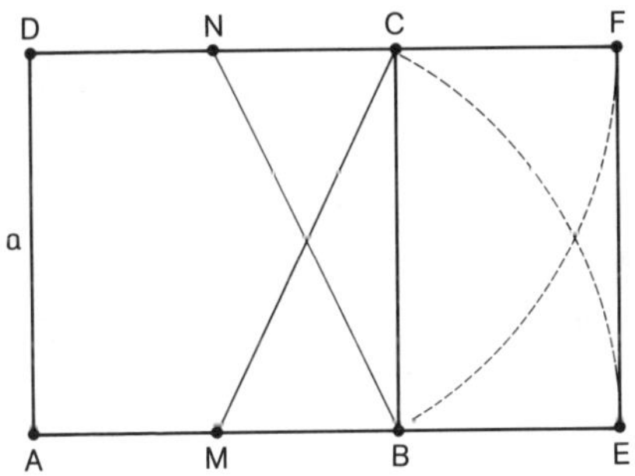

Bild 3.1

Konstruktion: Sei ABCD ein Quadrat. Der Kreis um den Mittelpunkt M von $\overline{AB}$ mit Radius $|\overline{MC}|$ schneidet die Verlängerung der Strecke $\overline{AB}$ in einem Punkt E. Entsprechend schneidet der Kreis um den Mittelpunkt N von $\overline{DC}$ die Verlängerung von $\overline{DC}$ (auf der Seite von E) in einem Punkt F.

Behauptung: AEFD *ist ein goldenes Rechteck.*

(Daß AEFD ein Rechteck ist, ist *klar*. Die Aussage über das Verhältnis der Längen der Seiten steht im Beweis der 4. Konstruktion.)

Bemerkungen. 1. Man liest oft die Meinung, das goldene Rechteck sei das 'schönste' Rechteck überhaupt. Es liegen zahlreiche empirische Untersuchungen darüber vor; außerdem scheint das goldene Rechteck an allgemein als schön empfundenen Gebäuden oder Gemälden häufig aufzutauchen. Auf beide Aspekte werden wir im letzten Kapitel noch ausführlich zu sprechen kommen.

2. Das **DIN-Format** ist nur eine relativ grobe Annäherung an das goldene Rechteck. Bei einem Rechteck im DIN-Format (genauer gesagt: im DIN A-Format), haben die Seitenlängen das Verhältnis $\sqrt{2} : 1$. Das DIN A-Format hat nämlich die definierende Eigenschaft, daß *bei Halbierung wieder ein* ***DIN A-Format*** *entsteht.*

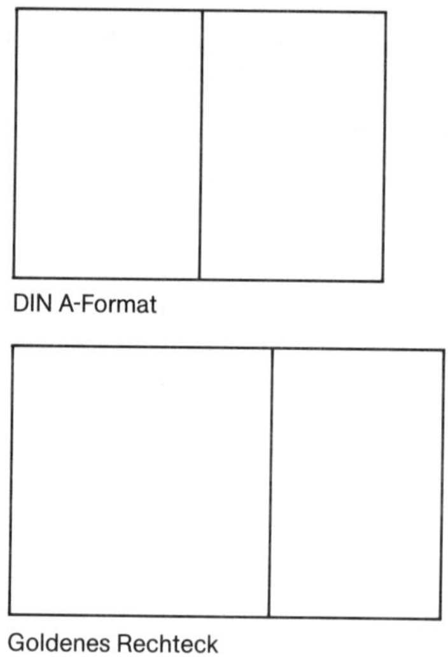

Bild 3.2

Demgegenüber gilt für das goldene Rechteck, daß *nach Abspaltung eines größtmöglichen Quadrats wieder ein goldenes Rechteck übrigbleibt.*

[Das ist klar; denn das "kleine" Rechteck hat ja die Seitenlängen a und $\phi a - a$. Also ist das Verhältnis der Seitenlängen gleich

$$a/((\phi-1)a) = 1/(\phi-1) = \phi.]$$

Der folgende, schon an sich sehr interessante Hilfssatz über das goldene Rechteck wird uns später von großem Nutzen sein.

Hilfssatz. *In ein gegebenes Quadrat* ABCD *kann man ein goldenes Rechteck so einbeschreiben, daß seine Ecken die Seiten des Quadrats im goldenen Schnitt teilen.*

Beweis. Wir teilen die Seiten des Quadrats ABCD durch die Punkte P, Q, R, S gemäß Bild 3.3 jeweils im goldenen Schnitt.

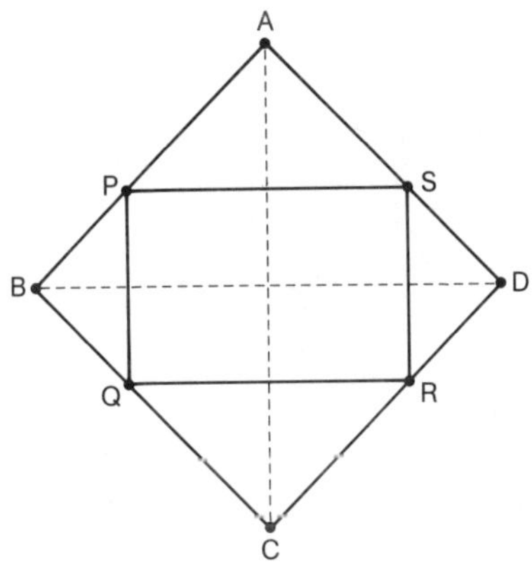

Bild 3.3

Als erstes wollen wir uns davon überzeugen, daß PQRS ein Rechteck ist. Dazu wenden wir den Strahlensatz (bzw. seine Umkehrung) an. Er sagt uns, daß sowohl $\overline{PS}$ und $\overline{BD}$ als auch $\overline{QR}$ und $\overline{BD}$ parallel sind. Also ist insbesondere $\overline{PS} \parallel \overline{QR}$. Ebenso ergibt sich $\overline{PQ} \parallel \overline{RS}$. Daher ist PQRS ein Parallelogramm.

Noch mehr: PQRS ist ein Parallelogramm, dessen Seiten parallel zu den Diagonalen des Quadrats ABCD sind. Also stehen die Seiten von PQRS (wie die Diagonalen des Quadrats) senkrecht aufeinander. Mit anderen Worten: PQRS ist wirklich ein Rechteck.

Nun zeigen wir, daß PQRS ein goldenes Rechteck ist. Dies ergibt sich ganz einfach: Da die Dreiecke ΔAPS und ΔBQP ähnlich sind, und da nach Konstruktion $|AP|/|BP| = \phi$ ist, ist nämlich auch

$$|PS|/|PQ| = \phi.$$

Daß die Ecken unseres Rechtecks PQRS die Seiten des Quadrats im goldenen Schnitt teilen, brauchen wir nicht mehr zu zeigen; denn so haben wir die Punkte P, Q, R, S ja gewählt.□

3.2 Platonische Körper

Die folgenden fünf Körper sind seit Jahrtausenden als platonische Körper bekannt.

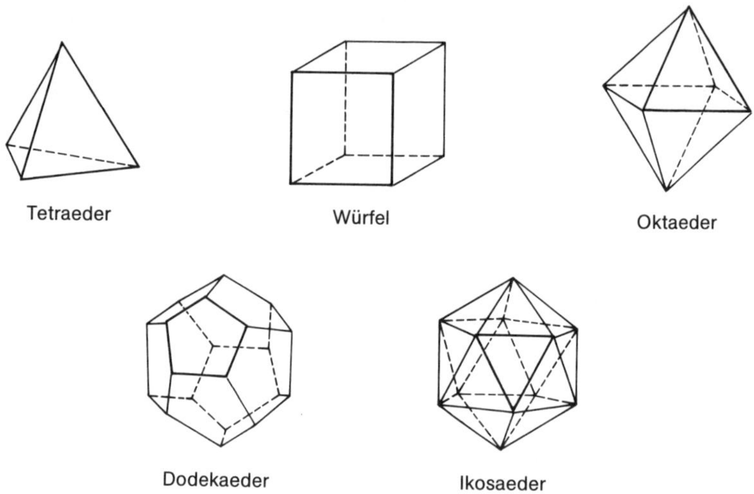

Bild 3.4

Ein charakteristisches Kennzeichen der platonischen Körper ist, daß ihre Oberfläche aus jeweils kongruenten, regelmäßigen Vielecken besteht, von denen an jeder Ecke gleichviele zusammenstoßen. Die einzelnen platonischen Körper unterscheiden sich durch die Anzahl der Drei-, Vier- bzw. Fünfecke an jeder Ecke des Körpers und entsprechend durch die Gesamtzahl der Ecken, Kanten und Flächen.

Die fünf platonischen Körper wurden schon von EUKLID im Buch 13 seiner "Elemente" behandelt; sie werden aber heute eher mit dem Namen "Plato" verbunden, der vieren der Körper die vier Elemente (Erde, Feuer, Luft, Wasser) zuordnete und den fünften (das Dodekaeder) als Gestalt beschrieb, die das ganze Weltall umfaßte ("Quintessenz").

	Anzahl der Flächen an jeder Ecke	Anzahl der Ecken pro Fläche	Gesamtzahl der Ecken	Gesamtzahl der Kanten	Gesamtzahl der Flächen
Tetraeder	3	3	4	6	4
Würfel	3	4	8	12	6
Oktaeder	4	3	6	12	8
Dodekaeder	3	5	20	30	12
Ikosaeder	5	3	12	30	20

Tabelle 3.1

Wir betrachten nun zunächst das *Ikosaeder*. Es besteht aus zwanzig kongruenten Dreiecken. Ein Zusammenhang mit dem goldenen Schnitt ist vom bloßen Ansehen kaum zu ahnen. Um so überraschender ist der folgende Satz.

Satz. *Die zwölf Ecken eines Ikosaeders sind die zwölf Ecken dreier goldener Rechtecke, die paarweise aufeinander senkrecht stehen.*

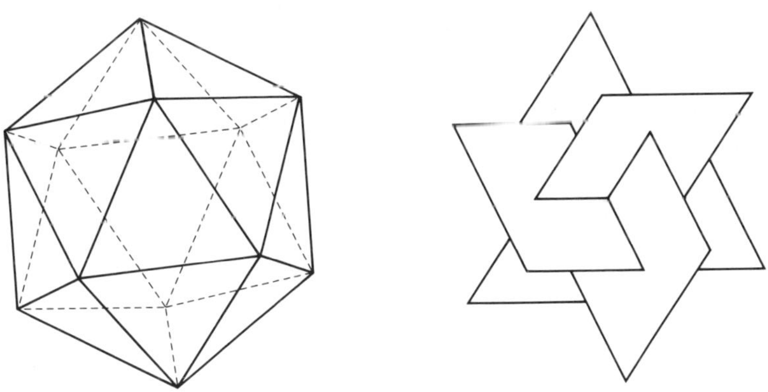

Bild 3.5

Beweis. Die Dreiecke, die an eine Ecke des Ikosaeders (z.B. S oder S' in Bild 3.6) angrenzen, gehören zu einer Pyramide, deren Basis ein regelmäßiges Fünfeck ist (in Bild 3.6 hervorgehoben).

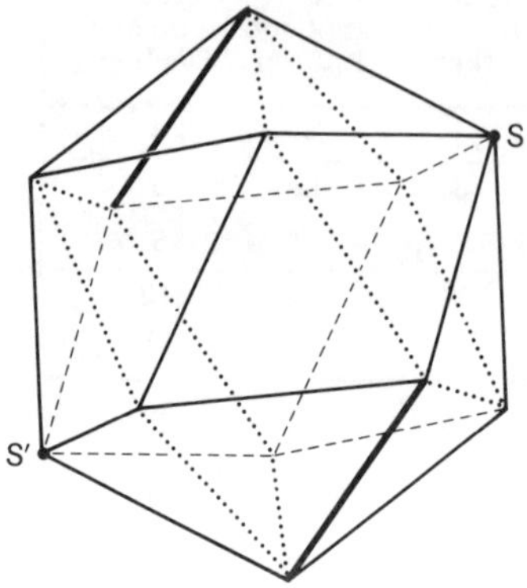

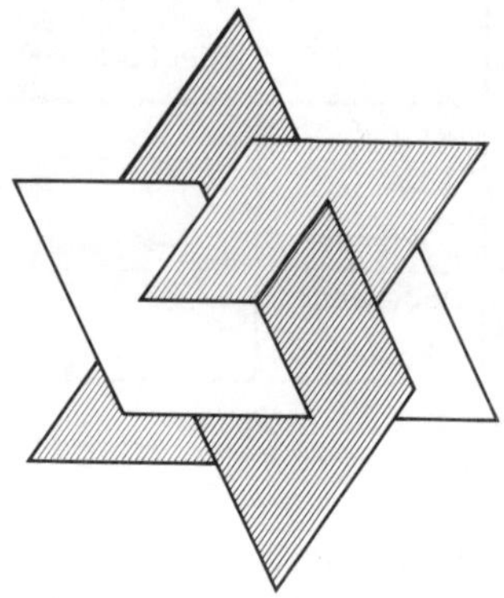

Bild 3.6

Je zwei gegenüberliegende Kanten des Ikosaeders (etwa die verstärkt gezeichneten Kanten) gehören zu einem Rechteck, dessen längere Seite Diagonale eines solchen Fünfecks ist. Nach den Ergebnissen des vorigen Abschnitts ist das Verhältnis dieser Diagonale (d.h. Rechtecksseite) zur Seite des Fünfecks (d.h. zur Kante des Ikosaeders) gleich ϕ. Mit anderen Worten: Das gefundene Rechteck ist ein goldenes Rechteck.

In den dazu senkrechten Ebenen erhält man analog die beiden anderen gesuchten Rechtecke.□

Mit Hilfe dreier gewöhnlicher Postkarten, die eine für diese Zwecke hinreichende Annäherung an goldene Rechtecke bilden (vergleiche Abschnitt 3.1), können wir uns dafür leicht ein Modell basteln. Dabei wird ein Schlitz in die Mitte jeder Karte parallel zur längeren Seite geschnitten, so daß die kürzere Seite hindurchpaßt (aus praktischen Gründen muß dieser Schlitz bei einer Karte bis zur Kante verlängert werden). Dann stecken wir die Karten ineinander, so daß (wie in Bild 3.6 rechts) jede Karte durch die nächste geht.

Als zweiten platonischen Körper betrachten wir das Oktaeder.

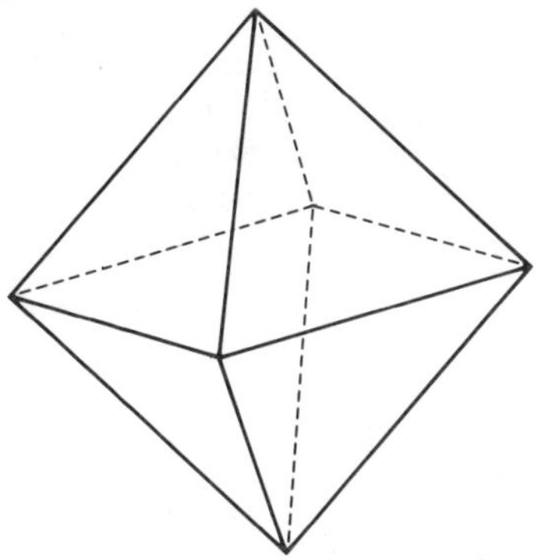

Bild 3.7

Die sechs Ecken des Oktaeders sind genau die Ecken dreier paarweise senkrecht aufeinanderstehender Quadrate. Anders als bei unserer Charakterisierung der Ecken des Ikosaeders gilt beim Oktaeder sogar auch noch: Die zwölf Seiten der drei Quadrate sind auch genau die Kanten des Oktaeders. Damit können wir nun zeigen:

Hauptsatz. *In ein gegebenes Oktaeder kann ein Ikosaeder so einbeschrieben werden, daß dessen Ecken die Kanten des Oktaeders im goldenen Schnitt teilen.*

Beweis. Die Aussage dieses Satzes läßt auf den ersten Blick einen aufwendigen Beweis erwarten, zumal es sicherlich nicht einfach ist, sich ein Ikosaeder innerhalb eines Oktaeders plastisch vorzustellen. Dennoch brauchen wir für den Beweis nur noch Ergebnisse aus diesem Kapitel zusammenfügen:

Die Ecken des Ikosaeders werden gegeben durch die Ecken dreier ineinandergesteckter, paarweise senkrechter goldener Rechtecke, die nach den Bemerkungen vor diesem Satz nun in drei paarweise senkrechte Quadrate einbeschrieben werden sollen.

Betrachten wir nun das Problem nur in einer der drei Ebenen, so muß dort also ein goldenes Rechteck so in ein Quadrat einbeschrieben werden, daß es dessen Kanten im goldenen Schnitt teilt. Daß und wie dies möglich ist, sagt aber gerade der Hilfssatz im vorigen Abschnitt **3.1** (zur Erinnerung und Veranschaulichung ist in Bild 3.8 das Oktaeder und das Bild aus **3.1** gegenübergestellt).□

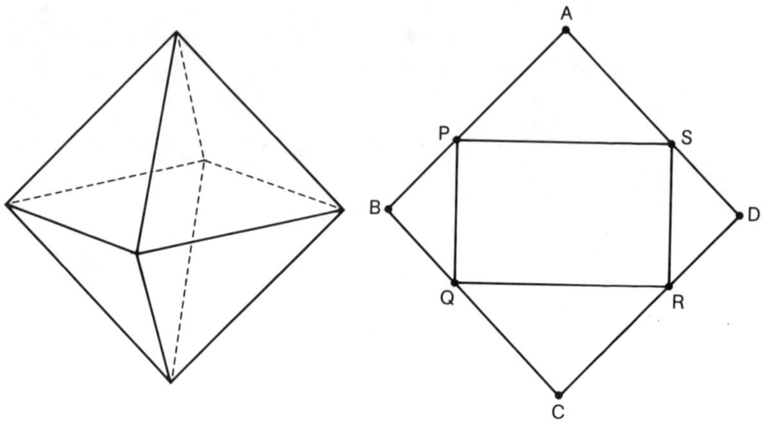

Bild 3.8

Der dritte und letzte platonische Körper in unserer Betrachtung ist das Dodekaeder, das aus zwölf kongruenten, regulären Fünfecken besteht.

Dodekaeder und Ikosaeder sind (wie auch Würfel und Oktaeder bzw. wie auch das Tetraeder zu sich selbst) **dual** zueinander. Das bedeutet, daß der eine der beiden dualen Körper aus dem anderen hervorgeht, wenn man die Ecken mit den Flächen "vertauscht". Aus der folgenden Tabelle wird dies ganz augenfällig:

	Anzahl der Flächen an jeder Ecke	Anzahl der Ecken pro Fläche	Gesamtzahl der Ecken	Gesamtzahl der Flächen
Dodekaeder	3	5	20	12
Ikosaeder	5	3	12	20

Tabelle 3.2

Geometrisch äußert sich diese Dualität insbesondere darin, daß die Mittelpunkte der Fünfecksflächen des Dodekaeders genau die Ecken eines Ikosaeders bilden. Mit Hilfe dieser Eigenschaft folgt dann unmittelbar der folgende

Satz. *Die zwölf Mittelpunkte der Fünfecksflächen eines Dodekaeders sind die zwölf Ecken dreier goldener Rechtecke, die in paarweise senkrechten Ebenen liegen.*

Beweis. Aufgrund der oben beschriebenen Dualität folgt dies direkt aus dem entsprechenden Satz über das Ikosaeder zu Beginn dieses Abschnitts.□

Die drei Sätze dieses Abschnitts sind sicherlich die bekanntesten und schönsten aus einer ganzen Reihe von Zusammenhängen zwischen dem goldenen Schnitt und platonischen Körpern. In der Aufgabe 4 am Ende dieses Abschnitts sind noch zwei weitere Zusammenhänge angegeben.

Zu den ersten drei Aufgaben, den Darstellungen der Eckpunkte platonischer Körper in einem kartesischen Koordinatensystem, wollen wir vorher noch einige Anmerkungen machen.

Die Koordinatendarstellungen eröffnen uns "dreidimensionalen Wesen" einen Zugang zu den vier- und mehrdimensionalen regulären Körpern, deren Seiten"flächen" jeweils platonische Körper sind. Die Untersuchungen auf diesem Gebiet (etwa Kapitel 22 in COXETER's "Einführung in die Geometrie") zeigen, daß auch im vierdimensionalen Raum viele Zusammenhänge mit dem goldenen Schnitt bestehen, und nicht zuletzt aus diesem Grund können wir hier attraktive Figuren und Ineinanderschachtelungen erkennen.

Übungsaufgaben

1. Die zwölf Punkte mit den (kartesischen) Koordinaten

$$(0, \pm\phi, \pm 1), \quad (\pm 1, 0, \pm\phi), \quad (\pm\phi, \pm 1, 0)$$

bilden die Ecken eines Ikosaeders.

2. (a) Die sechs Punkte mit den kartesischen Koordinaten

$$(\pm\phi^2, 0, 0)\,,\ (0,\ \pm\phi^2, 0),\ (0, 0,\ \pm\phi^2)$$

bilden ein Oktaeder.

(b) Wählen Sie eine Kante dieses Oktaeders aus und zeigen Sie, daß diese von einem Eckpunkt des Ikosaeders aus Aufgabe **1** im goldenen Schnitt geteilt wird.

3. Zeigen Sie: Die zwanzig Punkte

$$(0,\ \pm\phi^{-1},\ \pm\phi), (\pm\phi, 0,\ \pm\phi^{-1}), (\pm\phi^{-1},\ \pm\phi, 0), (\pm 1,\ \pm 1,\ \pm 1)$$

bilden die Eckpunkte eines Dodekaeders.

4. [*schwierig*]

(a) Das Verhältnis zwischen dem Kantenradius des Dodekaeders (also der Strecke zwischen dem Mittelpunkt einer Kante und dem Zentrum des Dodekaeders) und der halben Diagonale einer Fünfecksfläche ist gleich dem goldenen Schnitt.

(b) Das Verhältnis zwischen dem Flächenradius des Dodekaeders (also der Strecke zwischen dem Mittelpunkt einer Fünfecksfläche und dem Zentrum des Dodekaeders) und dem Inkreisradius eines Fünfecks ist gleich dem goldenen Schnitt.

Kapitel 4. Die goldene Spirale und die spira mirabilis

Die Spiralen, die wir in diesem Kapitel vorstellen werden, hängen mit dem goldenen Schnitt zusammen – unserer Meinung nach aber nur relativ lose. Da sie jedoch sehr oft im Zusammenhang mit dem goldenen Schnitt erwähnt werden, dürfen sie hier natürlich nicht fehlen.

Die mathematischen Voraussetzungen zur Lektüre dieses Kapitels sind etwas höher als in den vorangegangenen (und nachfolgenden) Abschnitten. Wir werden nämlich "Polarkoordinaten" benutzen - allerdings nicht viel mehr als ihre Definition! Dieser liegt die ganz einsichtige Tatsache zugrunde, daß man jeden Punkt P der Ebene durch die folgenden Daten beschreiben kann

1. durch den Abstand r von P zum Ursprung O, und

2. durch den Winkel θ, den OP mit der x-Achse bildet.

Man schreibt dann auch: $P = (r,\theta)$ und nennt (r,θ) die **Polarkoordinaten** des Punktes P. Bei der Verwendung von Polarkoordinaten empfiehlt es sich, Winkel im Bogenmaß zu notieren; $\pi/2$ entspricht also 90°.

Die hier entwickelten Tatsachen werden in den folgenden Kapiteln nicht weiter verwendet, so daß der Leser, nachdem er die Bilder genossen hat, getrost weiterblättern mag.

4.1 Die goldene Spirale

Sei $ABDF$ ein goldenes Rechteck. Wie wir aus der in Abschnitt **3.1** beschriebenen Konstruktion des goldenen Rechtecks leicht sehen, kann man dieses in ein Quadrat $ABCH$ und ein kleineres goldenes Rechteck $CDFH$ aufteilen.

Dieses kleine goldene Rechteck kann man nun wieder in ein Quadrat $CDEJ$ und ein noch kleineres Rechteck $EFHJ$ aufteilen.

Diesen Prozeß wiederholen wir, solange es uns gefällt. Dabei sollen die Quadrate jeweils 'außen' bzw. (wenn wir das Buch bei jeder Aufteilung mitdrehen) 'links' abgeschnitten werden.

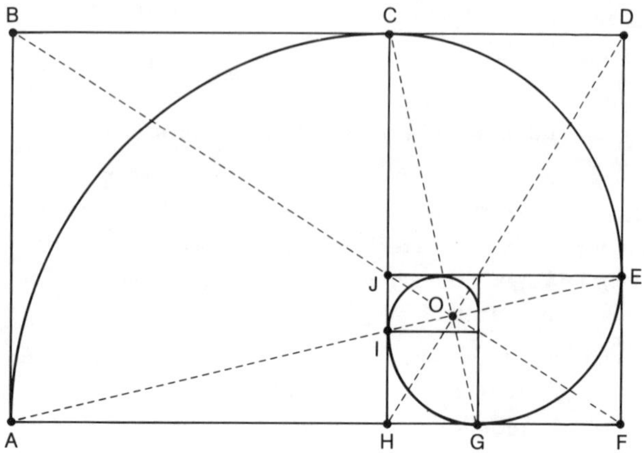

Bild 4.1

Die im Laufe dieses Prozesses konstruierten Punkte liegen nicht zufällig verteilt in unserem Ausgangsrechteck, sondern haben eine genau definierte Lage. Diese zu erkennen, ist das Ziel der folgenden **Beobachtungen**:

1. *Der Punkt* J *liegt auf der Geraden* BF.

Das sieht man folgendermaßen: Da die Rechtecke ABDF und EFHJ beide golden sind, sind die rechtwinkligen Dreiecke ΔBDF und ΔJEF ähnlich. Daher ist $\measuredangle BFD = \measuredangle JFE$. Das bedeutet, daß die Punkte B ,J und F auf einer gemeinsamen Geraden liegen. Mit anderen Worten: Die Gerade BF geht durch J.

2. *Der Punkt* I *liegt auf der Geraden* AE.

Denn nach Konstruktion ist

$$|AH|/|HI| = |AH|/|CD| \cdot |CD|/|EF| \cdot |EF|/|HI| = |CH|/|CD| \cdot |FH|/|EF| \cdot |HJ|/|HG| = \phi^3$$

und

$$|AF|/|EF| = |AF|/|FD| \cdot |FD|/|FH| \cdot |FH|/|EF| = \phi^3.$$

Also ist $|AH|/|HI| = |AF|/|FE|$, und somit sind ΔAHI und ΔAFE ähnlich. Daraus ergibt sich die Gleichheit der Winkel $\measuredangle AIH$ und $\measuredangle AEF$, und damit folgt schließlich, daß A, I und E auf einer gemeinsamen Geraden liegen.

Eine entsprechende Aussage gilt auch für die Geraden DH und CG. Also folgt insbesondere:

3. *Alle im Lauf der Konstruktion auftretenden Ecken goldener Rechtecke liegen auf einer der Geraden* AE, BF, CG, DH.

Nun sei O der Schnittpunkt der Geraden AE und BF.

4. *Die Geraden* CG *und* DH *gehen ebenfalls durch* O.

Denn: Bezeichnen wir den Schnittpunkt der Geraden CG und DH vorläufig mit O'. Dann liegen sowohl O als auch O' in jedem der konstruierten goldenen Rechtecke. Die Seitenlängen dieser Rechtecke sind aber der Reihe nach $a\Phi$, a, $a\Phi^{-1}$, $a\Phi^{-2}$, ... Diese Zahlen bilden eine "Nullfolge", sie nähern sich also beliebig nahe der Zahl 0. Wäre nun $O' \neq O$, so könnte man ein goldenes Rechteck konstruieren, dessen Seitenlängen kleiner als der Abstand von O' und O wären. Dann könnten aber O' und O nicht zusammen in diesem Rechteck liegen. Dieser Widerspruch zeigt, daß doch O' = O sein muß. Also gehen alle vier fraglichen Geraden durch O.

5. *Die Geraden* AO *und* CO *bzw.* BO *und* DO *stehen senkrecht aufeinander.*

Denn die Rechtecke ABDF und CDFH sind senkrecht zueinander. Daraus ergibt sich $AE \perp CG$ und damit $AO \perp CO$. Entsprechend folgt die zweite Aussage.

Nun betrachten wir die Längen der eben studierten Strecken.

6. Es gilt

$$|CO| = \Phi^{-1}\cdot|AO| \quad \text{und} \quad |DO| = \Phi^{-1}\cdot|BO|.$$

Aufgrund der vorigen Beobachtung sind *nämlich* die Dreiecke ΔAOG und ΔCOI ähnlich. Nun ist

$$|CJ|/|AH| = |CD|/|CH| = \Phi^{-1} \text{ und } |JI|/|HG| = \Phi^{-1}$$

und damit

$$|CI|/|AG| = (|CJ| + |JI|) / (|AH| + |HG|) = \Phi^{-1}.$$

(Vergleiche Aufgabe **4.3**.) Also ist das Verhältnis der Längen der Seiten der betrachteten Dreiecke gleich Φ^{-1}. Daraus ergibt sich aber

$$|CO| = \Phi^{-1}\cdot|AO|.$$

Entsprechend erhält man die zweite Behauptung durch Betrachtung der Dreiecke ΔBOD und ΔDOF.

Unsere bisherigen Ergebnisse können wir nun in folgendem schönklingendem Satz zusammenfassen:

Hilfssatz. *Die* ***Drehstauchung*** σ, *die aus einer Vierteldrehung nach rechts, gefolgt von einer Streckung mit dem Faktor* ϕ^{-1} *(also einer Stauchung) besteht, bildet jeden der Punkte* A, C, E, G, I, ... *und jeden der Punkte* B, D, F, H, J, ... *auf den jeweils nachfolgenden ab.*

Beweis. In den obigen Beobachtungen haben wir gesehen, daß σ den Punkt A auf den Punkt C und B auf D abbildet. Das ist aber alles, was man zeigen muß; denn von da an wiederholt sich alles in immer kleinerem Maßstab.□

Wir beschreiben nun die Wirkung der **Drehststreckung** $\rho = \sigma^{-1}$ mit Hilfe von Polarkoordinaten mit dem Pol O. Offenbar bildet ρ jeden Punkt P mit den Polarkoordinaten $P = (r,\theta)$ auf den Punkt $\rho(P) = (r\phi, \theta + \pi/2)$ ab. Denn ρ besteht aus einer Drehung um $\pi/2$, gefolgt von einer Streckung um den Faktor ϕ.

Setzt man nun $E := (1,0)$, so ergibt sich der Reihe nach

$$C = (\phi, \pi/2), A = (\phi^2, \pi), \ldots$$

und

$$G = (\phi^{-1}, -\pi/2), I = (\phi^{-2}, -\pi), \ldots$$

Daraus erhalten wir eine unendliche Folge

$$\ldots I, G, E, C, A, \ldots$$

von Punkten, für deren Polarkoordinaten (r,θ) $r = \phi^m, \theta = m\cdot\pi/2$ $(m \in \mathbf{Z})$ gilt.

Diese Koordinaten erfüllen daher die Gleichung

$$r = \phi^{\frac{2\theta}{\pi}} .$$

Die dadurch beschriebene Spirale wird häufig **goldene Spirale** genannt.

Eine brauchbare Näherung für die goldene Spirale findet sich bereits bei Kepler. Man erhält diese Approximation, wenn man in die Quadrate Viertelkreise mit dem Radius der Seitenlänge des Quadrats einzeichnet. So wurde auch die Zeichnung auf Bild 4.1 erstellt. Die richtige goldene Spirale sieht hingegen so aus wie auf Bild 4.2.

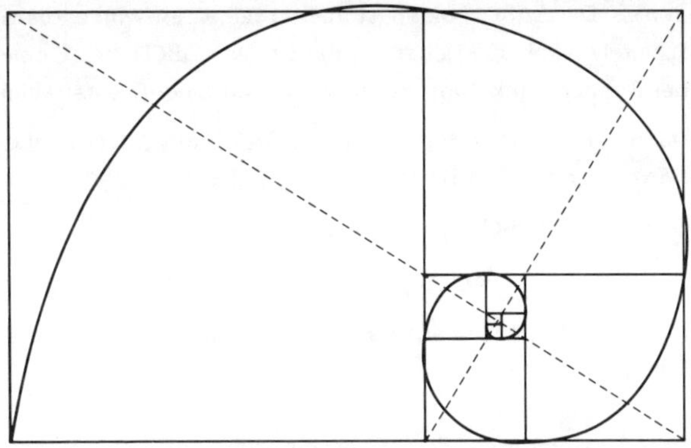

Bild 4.2

Es ist tatsächlich so, daß die goldene Spirale die Seiten der goldenen Rechtecke *nicht* (als Tangente) berührt, sondern sie jeweils zweimal (in kleinen Winkeln) schneidet.

4.2 Die spira mirabilis

Wir beginnen mit dem folgenden

Hilfssatz. *Sei* ΔABC *ein goldenes Dreieck. Dann teilt die Gerade, die den Basiswinkel bei* B *halbiert, die Seite* $\overline{AC}$ *im goldenen Schnitt.*

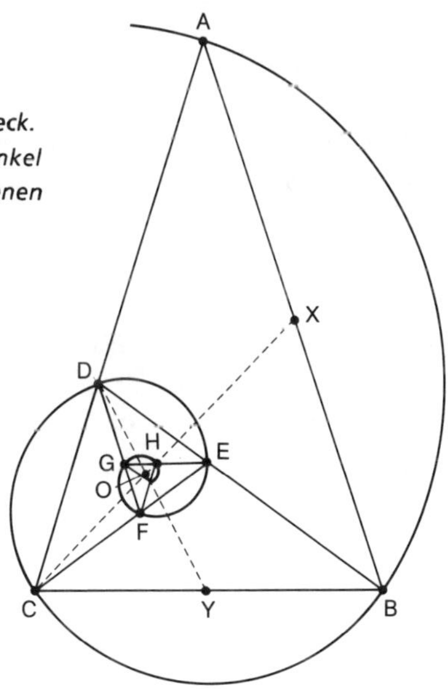

Bild 4.3

Beweis. Da ΔABC golden ist, haben seine Basiswinkel die Größe $72°$ und der Scheitelwinkel $36°$. Daher hat das Dreieck ΔBCD bei C einen Winkel von $72°$, bei B einen Winkel von $36°$ und somit auch bei D einen Winkel von $72°$.

Daraus ergibt sich, daß die Dreiecke ΔABC und ΔBCD ähnlich sind. Nach Definition eines goldenen Dreiecks ist $|AC|/|BC| = \phi$.

Daher ist auch $|BC|/|CD| = \phi$, und also

$$|AC|/|CD| = |AC|/|BC| \cdot |BC|/|CD| = \phi^2 = \phi + 1.$$

Nach dem Hauptsatz aus Kapitel 1 teilt also D die Strecke $\overline{AC}$ im goldenen Schnitt.□

Da ΔBCD gleichschenklig ist, ergibt sich aus dem obigen Hilfssatz insbesondere, daß auch ΔBCD ein goldenes Dreieck ist. Daher können wir den Hilfssatz auf das neue Dreieck anwenden. Als Ergebnis erhalten wir, daß die Winkelhalbierende des Winkels bei C die Strecke $\overline{BD}$ im goldenen Schnitt teilt. Ferner ist auch ΔCDE ein goldenes Dreieck.

Nun wenden wir wieder den Hilfssatz an, usw. Wenn man die so konstruierten Punkte verbindet, erhält man eine Spirale. Dies soll nun noch genau formuliert und begründet werden.

Satz. *All die Punkte* $A, B, C, D, E, \ldots$ *liegen auf einer logarithmischen Spirale, die für einen geeignet gewählten Pol* O *die Polarkoordinaten* (μ^θ, θ) *mit*

$$\mu = \phi^{\frac{5}{3\pi}}$$

hat. Diese Spirale nennen wir ***spira mirabilis***.

Beweis. Wir gehen umgekehrt vor, indem wir gewisse Punkte definieren und dann zeigen, daß diese auf der spira mirabilis liegen und sich so verhalten wie die Punkte, die oben zur Konstruktion benutzt wurden.

Wir definieren die Punkte

$$A = (\phi, 3\pi/5),\ B = (1, 0),\ C = (1/\phi, -3\pi/5),\ D = (1/\phi^2, -6\pi/5), \ldots$$

Ähnlich wie im Abschnitt **4.1** sieht man, daß auch in diesem Fall jeder Punkt aus seinem Vorgänger durch eine Drehstreckung σ hervorgeht; σ besteht aus einer Drehung um $-3\pi/5$ (also um $-108°$), gefolgt von einer Streckung mit dem Faktor ϕ^{-1}.

Da also die Punkte A, B, C, D, E, ... die Polarkoordinaten (r,θ) mit $r = \phi^{-m}$, $\theta = -3m\pi/5$ $(m \in \mathbb{Z})$ haben, liegen sie auf der logarithmischen Spirale (μ^θ,θ) mit

$$\mu = \phi^{\frac{5}{3\pi}},$$

also auf der spira mirabilis.

Es bleibt zu zeigen, daß ΔABC, ΔBCD, ... goldene Dreiecke sind und daß D die Strecke $\overline{AC}$ im goldenen Schnitt teilt, usw.

Zunächst kann man unschwer nachrechnen, daß der Punkt D auf der Geraden AC liegt (siehe Aufgabe **4.1**).

Da σ (wie jede Drehstreckung) Winkel erhält, sind die Größen der Winkel $\measuredangle ABC$ und $\measuredangle BCD$ gleich. Da $\measuredangle DCB = \measuredangle ACB$ ist, sind also auch die Größen von $\measuredangle ABC$ und $\measuredangle ACB$ gleich.

Das bedeutet, daß das Dreieck ΔABC gleichschenklig ist.

Um zu zeigen, daß ΔABC golden ist, machen wir uns zunächst klar, daß die Dreiecke ΔAOB und ΔBOC ähnlich sind (Das ergibt sich wieder daraus, daß σ die Größe von Winkeln erhält). Aus dieser Tatsache folgt

$$|AB|/|BC| = |AO|/|BO| = \phi.$$

Daher ist ΔABC golden. Da σ jedes Dreieck auf ein ähnliches abbildet, sind also auch die Dreiecke ΔBCD, ΔCDE, ... golden.

Damit sehen wir schließlich, daß D die Strecke $\overline{AC}$ im goldenen Schnitt teilt. Es gilt nämlich

$$|AC| = |BC|\cdot\phi = |CD|\cdot\phi^2 = |CD|\cdot(\phi + 1).$$

Damit sind alle Behauptungen des Satzes bewiesen.□

4.3 Bemerkungen zu logarithmischen Spiralen

Diese Kurven wurden zuerst von R. Descartes (1596-1650) mathematisch beschrieben und 1638 in seinen Briefen an Mersenne (1588-1648) besprochen. J. Bernoulli (1654-1705) fand sie so bezaubernd, daß er sie auf sein Epitaph im Kreuzgang des Münsters zu Basel einmeißeln ließ mit der Inschrift

EADEM MUTATA RESURGO

(etwa: "Verändert und doch derselbe entstehe/erstehe ich wieder"). Diese Worte beziehen sich auf die faszinierende Eigenschaft der logarithmischen Spirale, daß sie durch eine geeignete Drehstreckung in sich selbst übergeführt wird: Jede Streckung bewirkt dasselbe wie eine Drehung! Mit anderen Worten: Drehen wir eine logarithmische Spirale, so scheint sie zu wachsen bzw. kleiner zu werden, je nachdem in welche Richtung man sie dreht.

Versuchen Sie es einmal mit der Schar von logarithmischen Spiralen in Bild 4.4 ! Durch die Schwarz-Weiß-Schattierung wird dabei die Täuschung noch verstärkt.

Bild 4.4

Martin Gardner schreibt dazu im Scientific American im August 1959:

> *The logarithmic spiral is the only type of spiral that does not alter in shape as it grows, a fact that explains why it is so often found in nature. For example, as the mollusk inside a chambered nautilus grows in size, the shell enlarges along a logarithmic spiral so that it always remains an identical*

home. The centre of a logarithmic spiral, viewed through a microscope, would look exactly like the spiral, you would see if you continued the curve until it was as large as a galaxy and then viewed it from a vast distance.

Bild 4.5

Das Bild 4.5 zeigt eine Röntgenaufnahme einer solchen Nautilus-Muschel (nautilus pompilius).

Es bleibt allerdings anzumerken, daß *jede* logarithmische Spirale diese spektakulären Eigenschaften hat. Es gibt keinerlei Anzeichen, die darauf hindeuten, daß die goldene Spirale oder die spira mirabilis eine hervorgehobene Rolle spielen. Zum Beispiel ist die Nautilus-Spirale weder eine goldene Spirale noch eine spira mirabilis. Der Zusammenhang mit dem goldenen Schnitt ist nur über die elementargeometrischen Konstruktionen, die wir beschrieben haben, gegeben.

Übungsaufgaben

1. Überlegen Sie sich, daß der Punkt $D := (\phi^{-2}, -6\pi/5)$ (in Polarkoordinaten) auf AC liegt.

2. Hier wird eine einfache Methode beschrieben, die zeigt, wie man den Pol der spira mirabilis leicht finden kann.

Sei dazu X der Mittelpunkt der Dreiecksseite $\overline{AB}$ (vgl. Bild 4.3), und sei Y der Mittelpunkt der Seite $\overline{BC}$. Dann gilt für den Pol O der spira mirabilis: O ist der Schnittpunkt der Geraden CX und DY.

3. Zeigen Sie folgenden Schritt im Beweis der Behauptung 6: Es seien vier Strecken mit den Längen a, b, c, d gegeben, und es gelte $a/b = c/d =: x$. Dann gilt auch $(a+c)/(b+d) = x$.

4. Zeigen Sie: Auch die Mittelpunkte der Quadrate (aus der Konstruktion der goldenen Spirale) liegen auf einer logarithmischen Spirale.

Kapitel 5. Geometrisches Allerlei

In der Geometrie wird die große Vielfalt im Auftreten des goldenen Schnittes besonders deutlich. Einige Autoren vergleichen seine Bedeutung sogar mit der der Konstanten π.

Im folgenden stellen wir einige ganz einfach zu formulierende geometrische Probleme vor, bei deren Lösung der goldene Schnitt eine wichtige und meist gänzlich überraschende Rolle spielt.

5.1 Ein einfacher Quader

Wie sieht ein Quader mit Volumen 1 *aus, dessen Raumdiagonalen die Länge* 2 *haben ?*

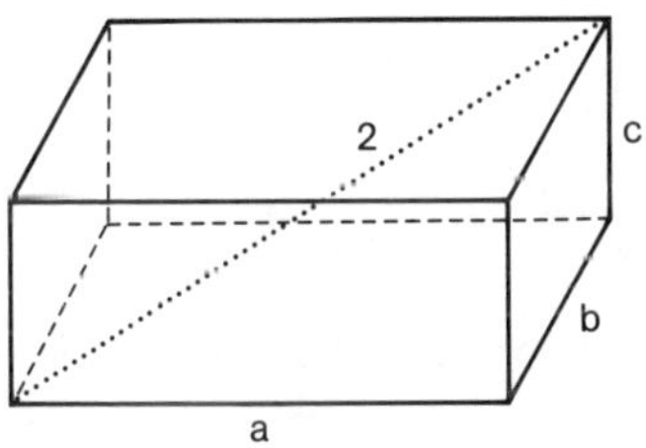

Bild 5.1

Es seien a, b, c die Kantenlängen des Quaders. Dann ist $a \cdot b \cdot c = 1$. Die Bedingung, daß die Raumdiagonalen die Länge 2 haben, lautet $\sqrt{(a^2 + b^2 + c^2)} = 2$.

Wir betrachten nur den Fall $b = 1$. Dann besagen die obigen Bedingungen

$$a \cdot c = 1 \text{ und } a^2 + c^2 = 3.$$

Zusammen ergibt sich $a^2 + a^{-2} = 3$, also $0 = a^4 - 3a^2 + 1 = (a^2 - \phi^2)(a^2 - \phi^{-2})$. Somit gilt $a^2 = \phi^2$ oder $a^2 = \phi^{-2}$.

Wenn wir (ohne Einschränkung) a als die größere Länge annehmen, so erhalten wir $a = \phi$ und $c = \phi^{-1}$.

*

3*

HUNTLEY ist von diesem Ergebnis begeistert: *Here, then, is an example of Phi appearing out of the blue! No one meeting this simple problem would have guessed that the solution would involve the golden section.*

Ein Quader, dessen Seitenlängen sich wie $\phi : 1 : \phi^{-1}$ verhalten, wird manchmal auch als dreidimensionales Analogon zum goldenen Rechteck angesehen und folgerichtig **goldener Quader** genannt. Bei einem solchen Quader stehen auch die Inhalte der Seitenflächen im Verhältnis $\phi : 1 : \phi^{-1}$. Wenn von einem goldenen Quader zwei Quader mit quadratischer Grundfläche abgespalten werden, erhält man wiederum einen goldenen Quader.

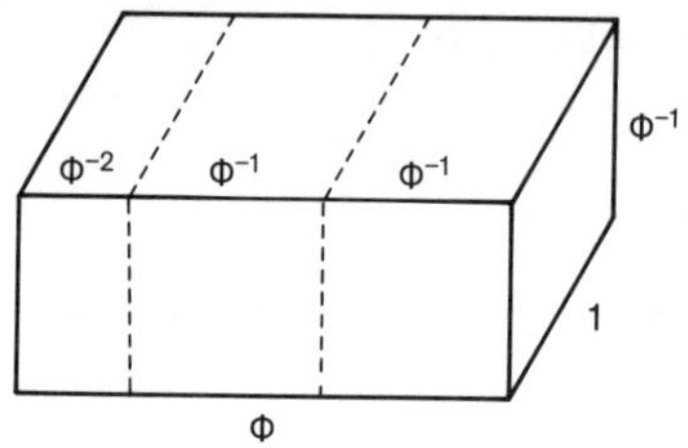

Bild 5.2

5.2 Der Schwerpunkt eines Halbmondes

In diesem Beispiel taucht der goldene Schnitt bei einem Problem mit physikalischem Hintergrund auf.

Ein Kreis B *innerhalb eines Kreises* A *berühre diesen im Punkt* O. *Die Fläche von* B *sei genau so groß, daß der Schwerpunkt* S *des halbmondförmigen Restes* A–B *auf der Kreislinie von* B *liegt. Wie groß ist dann das Verhältnis* a/b *der Radien von* A *und* B *?*

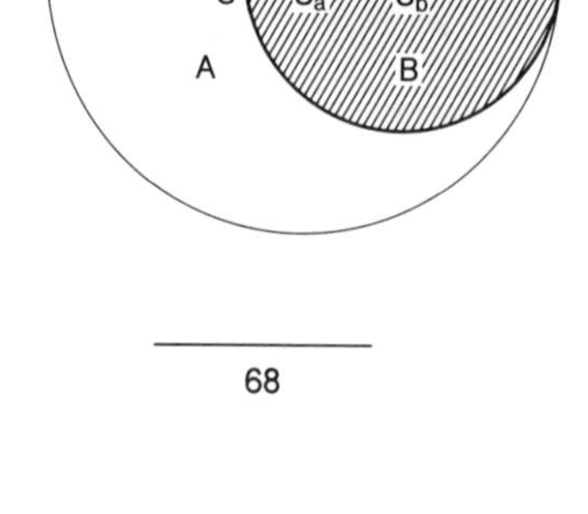

Bild 5.3

Lösung. Seien S_a und S_b die Schwerpunkte (= Mittelpunkte) von A und B. Die Punkte S, S_a und S_b liegen auf einer Geraden. Die Flächeninhalte des Kreises B und des halbmondförmigen Restes A–B sind πb^2 und $\pi(a^2 - b^2)$.

Nun stellen wir uns eine Balkenwaage mit Drehpunkt S_a vor, deren linker Arm bis S und deren rechter Arm bis S_b reicht. Der linke Arm hat also die Länge $|S_aS|$ = $2b - a$ und der rechte die Länge $|S_aS_b| = a - b$.

Auf die linke Waagschale S legen wir den Halbmond A–B und auf die rechte, also auf den Punkt S_b, den Kreis B. Beide Gegenstände belasten die Waage mit einem Gewicht, das proportional zu ihrem Flächeninhalt ist. Da S der Schwerpunkt des Halbmondes A–B, S_b der Schwerpunkt des Kreises B und S_a der Schwerpunkt der Gesamtfigur ist, befindet sich die Waage im Gleichgewicht. Mathematisch ausgedrückt bedeutet dies

$$(2b - a)\cdot\pi(a^2 - b^2) = (a - b)\cdot\pi b^2.$$

Daraus ergibt sich

$$0 = a^3 - ba^2 - ba^2 + b^3.$$

Nach Division durch b^3 erhalten wir

$$(a/b - 1)\cdot(a^2/b^2 \quad a/b - 1) = 0,$$

also

$$a^2/b^2 - a/b - 1 = 0,$$

da $a \neq b$ ist. Die letzte Gleichung besagt aber nichts anderes als $a/b = \phi$.

Der *Punkt* S *teilt also den Durchmesser des Kreises* A *im goldenen Schnitt.*

Man kann damit auch leicht zeigen, daß sogar jede Sehne von A durch O von der Kreislinie von B im goldenen Schnitt geteilt wird.

5.3 Ein Fünfscheibenproblem

Dieses Problem ist ein Spezialfall einer allgemeineren Fragestellung, die NEVILLE diskutiert.

Fünf Kreisscheiben mit Radius 1 seien symmetrisch so angeordnet, daß ihre Mittelpunkte die Ecken eines regelmäßigen Fünfecks bilden und ihre Kreislinien alle durch den Mittelpunkt des Fünfecks gehen.

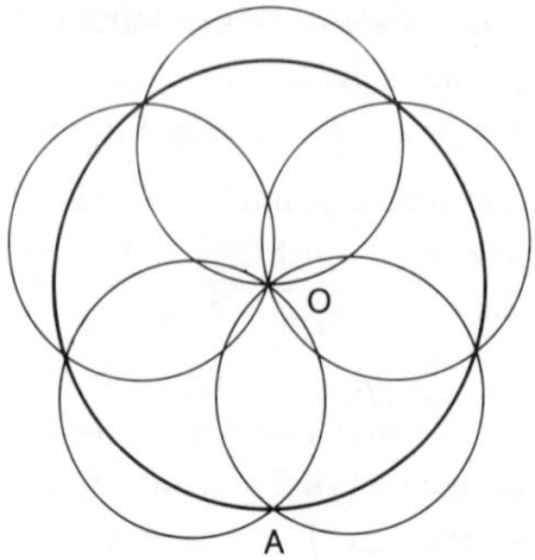

Bild 5.4

Welches ist der Radius der größten Kreisscheibe, die von den fünf Kreisscheiben bedeckt wird? Mit anderen Worten: Wie lang ist $\overline{OA}$?

Lösung. Die Punkte A und O liegen auf zwei gemeinsamen kleinen Kreisen. Seien M_1 und M_2 die Mittelpunkte dieser Kreise. Dann gilt: $|OM_1| = |OM_2| = |AM_1| = |AM_2| = 1$. Somit ist OM_1AM_2 ein Rhombus.

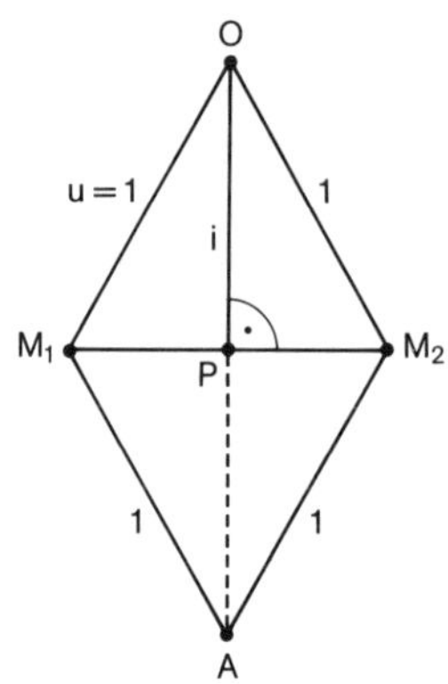

Bild 5.5

Nach Voraussetzung sind M_1 und M_2 Eckpunkte eines regelmäßigen Fünfecks mit Mittelpunkt O, also ist $\overline{OM_1}$ der Umkreisradius u dieses Fünfecks; dieser hat die Länge 1. Der Punkt P halbiere die Fünfecksseite $\overline{M_1M_2}$. Dann ist $\overline{OP}$ der Inkreisradius i dieses Fünfecks. Aus Aufgabe **2.3**(a) folgt $i/u = \phi/2$. Daraus ergibt sich $|OP| = \phi/2$.

Da sich beim Rhombus die Diagonalen halbieren und senkrecht aufeinander stehen, folgt schließlich $|OA| = 2|OP| = \phi$.

5.4 Ein Dreieck im Rechteck

Man beschreibe in ein gegebenes Rechteck ein Dreieck (das mit dem Rechteck eine Ecke gemeinsam hat) so ein, daß die drei dabei entstehenden Dreiecke die gleiche Fläche haben.

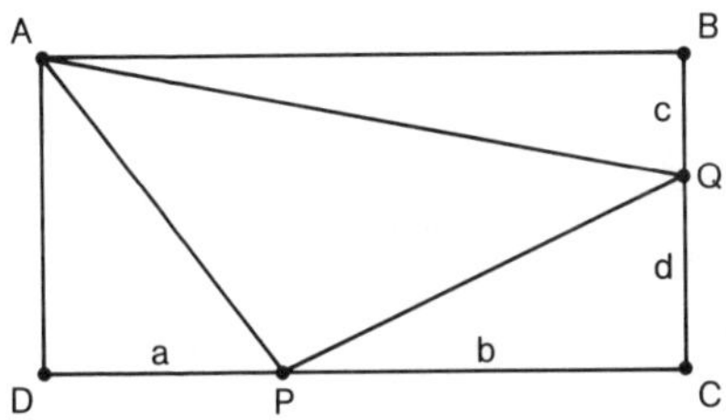

Bild 5.6

Lösung. Sei ABCD das gegebene Rechteck und ΔAPQ das gesuchte Dreieck. Die Punkte P und Q sollen so gewählt sein, daß die Flächen der Dreiecke ΔADP, ΔPCQ und ΔABQ gleich groß sind. Das heißt

$$a(c+d)/2 = bd/2 = c(a+b)/2.$$

Daraus ergibt sich $a = bd/(c+d)$ und $a = bc/d$, zusammen also $d^2 = c(c+d)$. Daher ist $(d/c)^2 - d/c - 1 = 0$, also $d/c = \phi$. Wegen $a = bc/d$ gilt dann ebenfalls $b/a = \phi$.

Die drei Dreiecke haben daher *genau dann den gleichen Flächeninhalt, wenn P die Seite* $\overline{CD}$ *und Q die Seite* $\overline{BC}$ *im goldenen Schnitt teilt.*

Auch bei diesem Beispiel deutet in der Aufgabenstellung nichts darauf hin, daß das Problem durch Teilung der Rechtecksseiten im goldenen Schnitt gelöst wird.

In der Aufgabe **5.3** werden zwei einfache Erweiterungen dieses Problems und eine etwas komplexere "Umkehrung" behandelt.

5.5 Das Lothringer Kreuz

In seiner Rubrik in der Zeitschrift "Scientific American" stellte Martin GARDNER 1959 ein Problem, das sich auf das Lothringer Kreuz bezieht, welches in der westlichen Welt vor allem durch Général de Gaulle bekannt wurde. Er hat dieses Kreuz 1940 zum Emblem des Freien Frankreichs erhoben. De Gaulle ging dabei von der (allerdings irrtümlichen) Annahme aus, daß bereits Jeanne d'Arc im Befreiungskampf gegen die Engländer das Lothringer Kreuz auf ihrer Fahne geführt habe.

Das **Lothringer Kreuz** ist aus 13 Quadraten der Seitenlänge 1 zusammengesetzt.

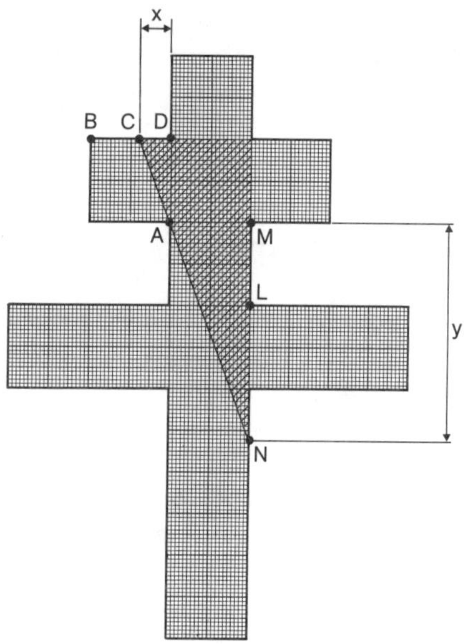

Bild 5.7

Durch den Punkt A (in Bild 5.7 am unteren Rand des oberen Querbalkens) soll eine Linie so gezogen werden, daß die Gesamtfläche des Kreuzes halbiert wird. Außerdem soll eine Konstruktion dieser Linie mit Zirkel und Lineal angegeben werden.

Lösung. Sei $\overline{CN}$ die gesuchte Linie (siehe Bild 5.7). Durch Abzählen der Quadrate sieht man, daß N unterhalb des unteren Querbalkens liegen muß. Zur Abkürzung setzen wir $x = |CD|$ und $y = |MN|$. Da die Fläche rechts von $\overline{CN}$ gleich 13/2 sein soll, muß der Flächeninhalt des schraffierten Dreiecks gleich $13/2 - 4 = 5/2$ sein. Das heißt $(x + 1)\cdot(y + 1) = 5$.

Da die Dreiecke ΔCDA und ΔAMN ähnlich sind, gilt ferner $x/1 = 1/y$; also ist $xy = 1$. Zusammen folgt $(x + 1)\cdot(1/x + 1) = 5$ und daher $x + 1/x = 3$.

Nach Aufgabe **1.2**(a) hat diese Gleichung die beiden Lösungen $x = \phi^2$ und $x = \phi^{-2}$. Wegen $x < 1$ kommt als Lösung nur $x = \phi^{-2}$ in Frage.

Die Lösung besteht also darin, *die Strecke* $\overline{BD}$ *im goldenen Schnitt so zu teilen, daß* $|BC| = \phi^{-1}$ *und* $|CD| = \phi^{-2}$ *ist.*

Konstruiert man diesen goldenen Schnitt und verbindet den so gefundenen Punkt C mit A, so erhält man damit die gesuchte Linie.

5.6 Inkreisradius eines Dreiecks im Quadrat

Das Dreieck ΔABC *sei in ein Quadrat mit der Seite* BC *eingebettet. Dann ist das Verhältnis zwischen* $|BC|$ *und dem Durchmesser des Inkreises von* ΔABC *gleich* ϕ.

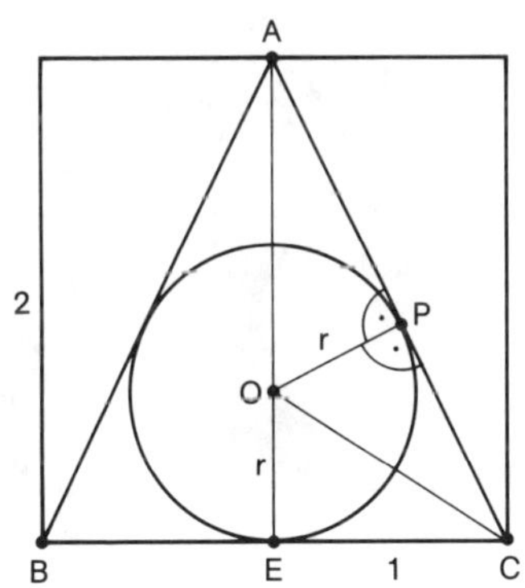

Bild 5.8

Lösung. Ohne Einschränkung sei $|BC| = 2$. Wir müssen $r = \phi^{-1}$ zeigen.

Da die Tangente immer senkrecht auf dem zugehörigen Kreisdurchmesser steht, hat das Dreieck ΔOPC bei P einen rechten Winkel. Da bei den beiden rechtwinkligen Dreiecken ΔOEC und ΔOPC zwei Seitenlängen gleich sind, müssen auch die dritten Seitenlängen übereinstimmen; das heißt $|PC| = |EC| = 1$. Daraus ergibt sich dann $|AP| = |AC| - |PC| = \sqrt{5} - 1$.

Nun wenden wir auf das rechtwinklige Dreieck ΔAOP den Satz des Pythagoras an, und erhalten $(2 - r)^2 = (\sqrt{5} - 1)^2 + r^2$. Nach einigen einfachen Umformungen ergibt sich $r = (\sqrt{5} - 1)/2 = \phi^{-1}$.

5.7 Dreiecksfraktale

Es ist erstaunlich, daß der goldene Schnitt auch bei den neuesten Entwicklungen und Forschungen in der Mathematik immer wieder auftaucht. Ein Beispiel dafür sind die sogenannten Fraktale.

Als **Fraktal** bezeichnen wir hier eine geometrische Figur, die auf die folgende Weise entsteht:

Wir gehen von einer einfachen geometrischen Grundfigur aus (z.B. Dreieck, Quadrat) und zeichnen an die Ecken dieser Figur weitere gleichartige Grundfiguren, die allerdings um einen bestimmten Faktor f ($f < 1$) *gegenüber der Aus-*

Bild 5.9

gangsfigur verkleinert sind. An deren freien Ecken wiederholen wir dann diesen Vorgang und kommen so Schritt für Schritt zu immer feineren Verästelungen.

In Bild 5.9 ist ein **Dreiecksfraktal** (genauer: die ersten neun Schritte im Konstruktionsprozeß), d.h. ein Fraktal, das aus gleichseitigen Dreiecken gebildet wurde, dargestellt.

Es ist leicht vorstellbar, daß es bei einem relativ großen Faktor f schließlich zu Überlappungen bei den Ästen kommt, während bei kleinem f zwischen den Ästen große Lücken klaffen. Es ist daher interessant zu erfahren, wie groß f gewählt werden muß, so daß sich die einzelnen Äste gerade noch nicht überlappen. Bei diesem Wert berühren sich dann im Grenzfall die einzelnen Äste.

Aus Symmetriegründen brauchen wir bei dem Dreiecksfraktal nur einen der Berührungspunkte zu betrachten. Wir wählen dazu den Punkt direkt in der Mitte unter dem Ausgangsdreieck (siehe Bild 5.10) und betrachten die beiden Folgen von Dreiecken, die sich von links bzw. rechts diesem Punkt nähern und die sich dort im Grenzfall berühren sollen.

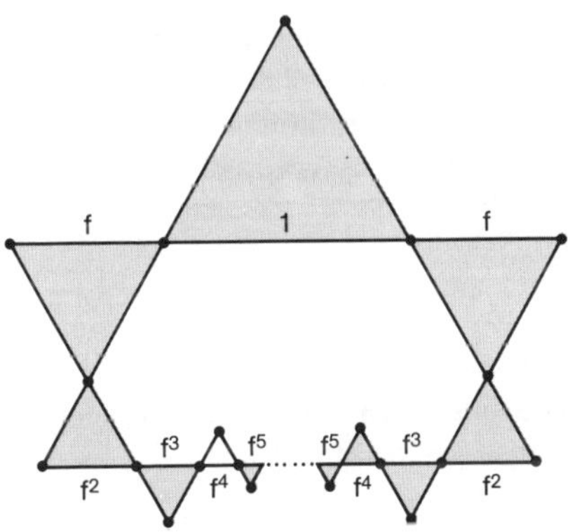

Bild 5.10

Ohne Einschränkung sei die Seitenlänge des Ausgangsdreiecks gleich 1. Die folgenden Dreiecke haben dann die Seitenlängen $f, f^2, f^3, f^4, \ldots$ Die Forderung, daß sich die beiden Folgen von Dreiecken in der Mitte berühren sollen, bedeutet dann

$$1/2 + f/2 = f^2/2 + f^3 + f^4 + f^5 + \ldots,$$

also

$$1 + f = f^2 + 2f^3 \cdot (1 + f + f^2 + \ldots).$$

Nach der Formel für die Summe einer geometrische Reihe ergibt sich daraus

$$1 + f = f^2 + 2f^3/(1 - f),$$

und daher

$$f^3 + 2f^2 - 1 = 0.$$

Wegen $f^3 + 2f^2 - 1 = (f + 1) \cdot (f - \phi^{-1}) \cdot (f + \phi)$ ist $f = \phi^{-1}$ die einzige positive Lösung dieser Gleichung.

Als Ergebnis halten wir fest: *Genau für* $f = \phi^{-1}$ *berühren sich die einzelnen Äste eines Dreiecksfraktals.*

*

In der Aufgabe **5.5** sollen Sie zeigen, daß sich bei einem Fraktal aus regulären Fünfecken bei gleicher Problemstellung der Verkleinerungsfaktor ϕ^{-2} ergibt.

Techniken, die auf Fraktalen beruhen, werden heute im Bereich der Computergraphik eingesetzt. Um beispielsweise ein detailreiches Bild (etwa eine Landschaft) elektronisch einfach und schnell darstellen und verarbeiten zu können, werden zunächst einfache geometrische Grundfiguren hergestellt, die dann schrittweise verfeinert werden.

5.8 Maximalflächen

Das folgende interessante Problem stammt aus der Glasindustrie. Glas wird üblicherweise in quaderförmigen Blöcken gegossen. Trotz aller Vorsichtsmaßnahmen stellt man nach dem Erkalten eines Glasblocks in der Regel fest, daß dieser kleine Verunreinigungen enthält. Die Aufgabe ist dann die, eine möglichst große Ausbeute aus dem Glasblock herauszuschneiden. Dabei ist zu beachten, daß die Schneidemaschinen nur parallel zu den Seiten des Quaders schneiden können.

Wir setzen stets voraus, daß die Verunreinigungen so klein sind, daß wir sie als *punktförmig* annehmen können.

Eine Grundfrage ist die folgende: Angenommen, ein Glasblock hat eine bestimmte Zahl n *von Verunreinigungen. Ein wie großer Quader ohne Verunreinigungen kann dann garantiert herausgeschnitten werden ?*

Wir wollen im folgenden nur einen ersten Schritt in Richtung auf die Lösung dieses Problems machen und betrachten dazu das analoge *zweidimensionale* Problem, also eine Glas*scheibe* (sagen wir: ein Rechteck).

Als Vorübung betrachten wir den Fall, in dem die Glasscheibe nur *eine einzige punktförmige Verunreinigung* besitzt. Welche Größe eines Teilrechtecks kann auch im schlimmsten Fall garantiert werden ?

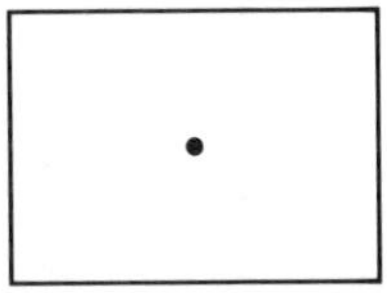

Bild 5.11

Offenbar gibt es für den Punkt günstigere und eher ungünstigere Lagen. Liegt er etwa nah am Rand, bleibt noch viel vom ursprünglichen Rechteck übrig. Die ungünstigste Position des Punktes ist offenbar genau die Mitte des Rechtecks. Eine Garantie kann also bei *einer* Verunreinigung nur noch für die Hälfte der ursprünglichen Fläche gegeben werden.

Bei *zwei Verunreinigungen* im Rechteck ist es längst nicht mehr so einfach, die ungünstigste Lage der beiden Punkte zu erkennen.

Es scheint verführerisch, die Punkte auf die Linien zu legen, die die Rechtecksseiten dritteln (siehe Bild 5.12). Wenn die Punkte so liegen, kann ein Teilrechteck herausgeschnitten werden, das immerhin noch $2/3 \cdot 2/3 = 4/9$ der ursprünglichen Rechtecksfläche umfaßt.

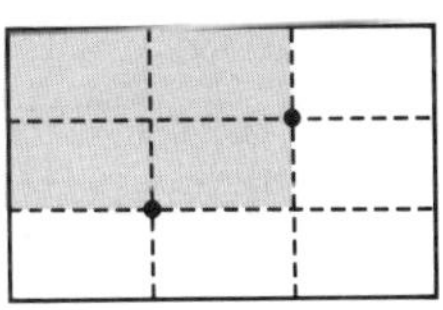

Bild 5.12

Ist das schon die ungünstigste Lage der Punkte?

Vor der Antwort auf diese Frage noch eine Vorbemerkung. Wenn beide Punkte auf einer Parallelen zu einer Rechtecksseite liegen, dann kann ein Rechteck mit (mindestens) halber Fläche abgeschnitten werden. In diesem Fall liegen die Punkte also zumindest günstiger als im obigen Beispiel. Wir können etwas weitergehend ohne Beschränkung annehmen, daß der erste Punkt P_1 "links unten" und der zweite Punkt P_2 "rechts oben" liegt.

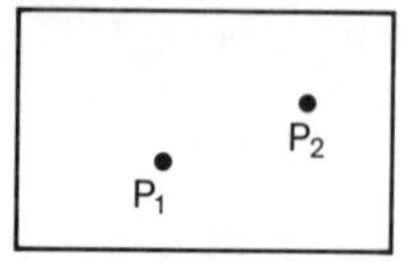

Bild 5.13

Dann müssen wir die Flächen der acht in Bild 5.14 dargestellten Teilrechtecke betrachten.

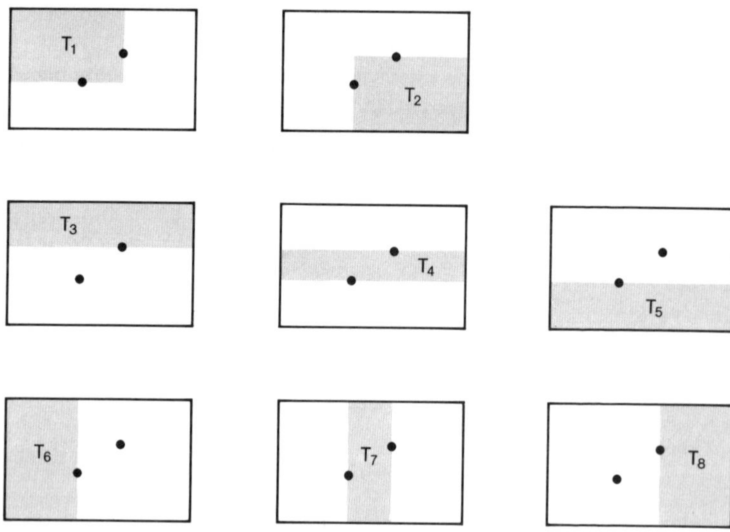

Bild 5.14

Bis jetzt ist nicht zu sehen, wo der goldene Schnitt bei diesem Problem auftreten könnte. Voilà, hier ist er:

Wir teilen die Rechtecksseiten (der Längen a und b) im goldenen Schnitt, ziehen dort die Seitenparallelen und plazieren P_1 und P_2 auf deren Schnittpunkten.

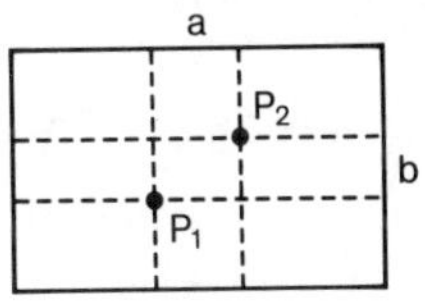

Bild 5.15

Dann sind die Inhalte der Teilrechtecke T_1, T_2, T_3, T_5, T_6 und T_8 jeweils gleich $\phi^{-2}\cdot ab$, während die Flächen von T_4 und T_7 jeweils den Inhalt $\phi^{-3}\cdot ab$ haben.

Wegen $\phi^{-2} < 4/9$ ist zunächst klar, daß dies eine ungünstigere Lage der Punkte als beim Beispiel der Drittelteilung bedeutet. Wir zeigen nun, daß dies in der Tat die schlechtestmögliche Lage ist. Dazu überlegen wir uns, daß bei jeder anderen Lage von P_1 bzw. P_2 mindestens eines der Teilrechtecke T_1, T_2, T_3, T_5, T_6 oder T_8 größer als $\phi^{-2}\cdot ab$ wäre.

Zunächst beschränken wir die Lagen von P_1 und P_2.

- Läge P_2 im Innern des schattierten Bereichs in Bild 5.16, so wäre (unabhängig von der Lage von P_1) T_3 bzw. T_8 größer als im obigen Beispiel.

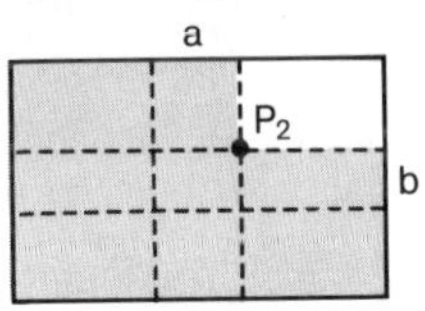

Bild 5.16

- Entsprechend gilt: Läge P_1 im Innern des schattierten Bereichs in Bild 5.17, so wäre (unabhängig von der Lage von P_2) T_5 bzw. T_6 größer als im obigen Beispiel.

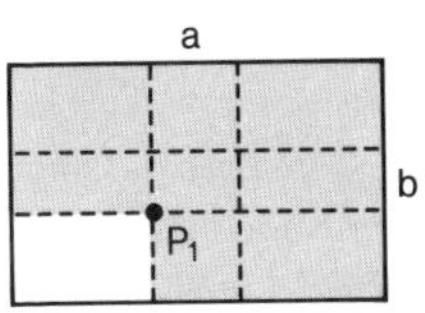

Bild 5.17

Für eine möglicherweise noch ungünstigere Lage von P_1 bzw. P_2 kommen also nur noch die in Bild 5.16 bzw. 5.17 freigelassenen Bereiche in Betracht.

- Läge P_2 höher (oder P_1 weiter links) als im obigen Beispiel, so wäre T_2 größer als dort,

- läge hingegen P_2 weiter rechts (oder P_1 tiefer), so wäre T_1 größer.

Damit haben wir gezeigt: *Das größtmögliche garantierbare Teilrechteck eines Rechtecks mit Fläche* $a \cdot b$ *und zwei Verunreinigungen hat eine Fläche von* $\phi^{-2} \cdot ab$. *Die ungünstigste Lage der beiden Verunreinigungen wird durch die goldenen Schnitte der Rechtecksseiten bestimmt.*

*

Wenn Sie Lust (und Zeit!) haben, probieren Sie es nun einmal mit *drei Verunreinigungen* der Glasscheibe. Mit steigender Zahl der Verunreinigungen wächst allerdings auch die Schwierigkeit des Problems. Eine allgemeine Formel für die garantierbare Fläche bei n Verunreinigungen ist uns nicht bekannt.

5.9 Penrose-Parkette

In diesem Abschnitt behandeln wir die Parkette, die von dem berühmten Mathematiker Roger Penrose aus Oxford 1974 im Jahre entdeckt wurden. Es handelt sich dabei um sogenannte „aperiodische Parkette"; wir werden zunächst diese Begriffe klären und dann die Penrose-Parkette vorstellen.

Ein **Parkett** besteht aus **Parkettsteinen**, die aneinandergelegt insgesamt die Ebene lückenlos und überschneidungsfrei überdecken.

Die Parkettsteine, aus denen ein Parkett besteht, können alle die gleiche Form haben, oder sie können von unterschiedlicher Gestalt sein. In unserer Umwelt sehen wir oft Parkette, bei denen alle Parkettsteine dieselbe Form haben; zum Beispiel sind viele Badezimmer mit kongruenten Quadraten gefliest. (Eine Einführung in die elementare Theorie der Parkette findet man in BEUTELSPACHER, Kapitel 6.)

All diese Parkette sind „periodisch". Ein Parkett wird **periodisch** genannt, falls es ein Teilstück des Parketts gibt, so daß das gesamte Parkett durch geeignete Verschiebungen dieses Teilstücks entsteht. Man nennt ein Parkett **aperiodisch**, falls es nicht periodisch ist, falls es also keine Verschiebung gibt, die das Parkett in sich überführt.

Die Penrose-Parkette gewinnen ihren Reiz dadurch, daß sie zwar aperiodisch sind, aber dennoch viele lokale Symmetrien besitzen.

Die **Penrose-Parkette**, die wir hier behandeln, bestehen aus Parkettsteinen, die zwei verschieden Formen haben, man nennt sie **Kites** und **Darts** („Drachen" und „Pfeile").

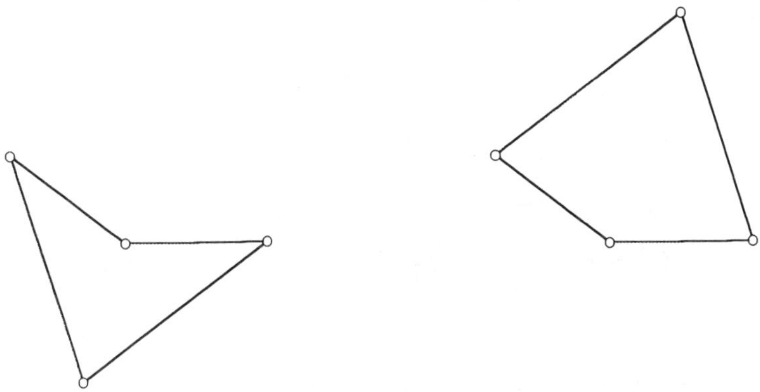

Bild 5.18

Bei diesen Figuren tritt der goldene Schnitt in mannigfacher Weise in Erscheinung; dies kann man daran erkennen, daß sie mit Hilfe eines regulären Fünfecks konstruiert werden können (siehe Bild 5.19).

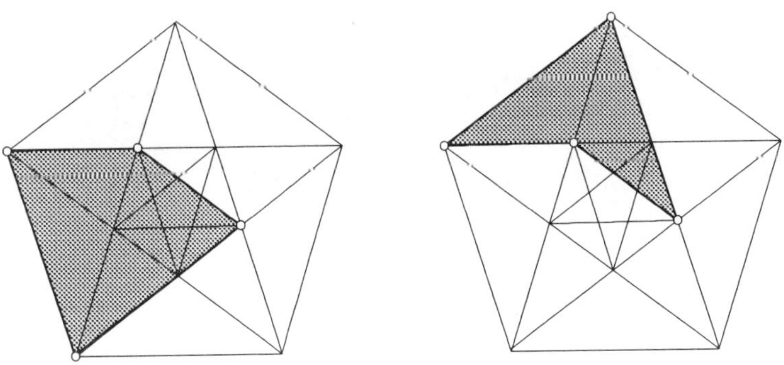

Bild 5.19

Wenn die Seitenlänge des großen regulären Fünfecks gleich ϕ ist, so haben Kite und Dart die Seitenlängen ϕ und 1.

Wenn man Kites und Darts so zusammenlegt, wie sie im regulären Fünfeck zu finden sind, dann erhält man ein periodisches Parkett. Um ein aperiodisches Parkett zu erhalten, muß diese Kombination ausgeschlossen werden. Dies wird durch folgende Legevorschrift gewährleistet:

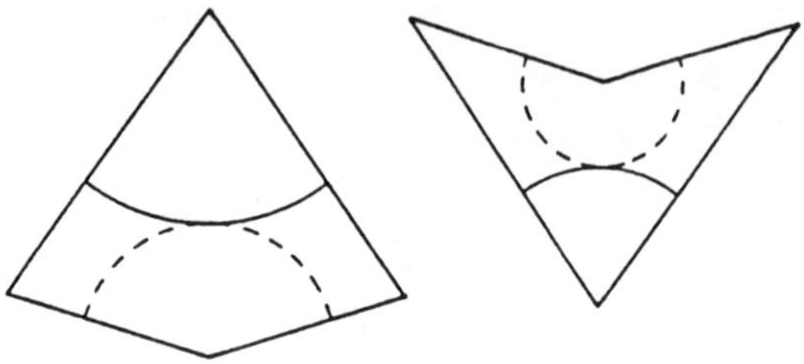

Bild 5.20

Legevorschrift: Die Teile dürfen nur so aneinandergelegt werden, daß gestrichelte bzw. nur durchgezogene Linien aneinanderstoßen (siehe Bild 5.20).

Auf diese Weise erhält man „offenbar" ein interessantes Parkett.

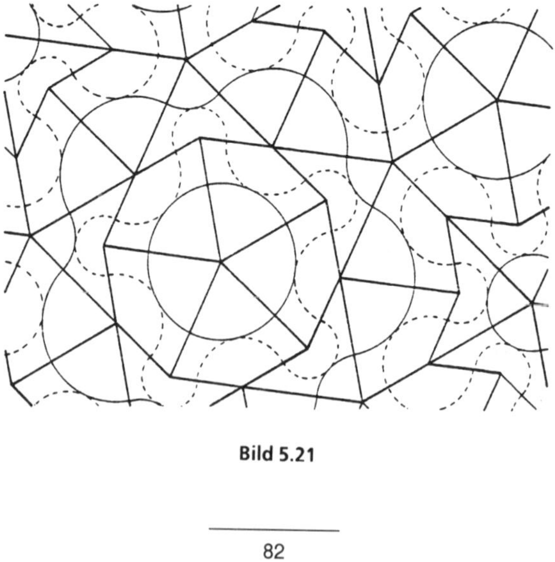

Bild 5.21

Es ist allerdings nicht selbstverständlich, daß man mit diesen Figuren nach der obigen Legevorschrift wirklich ein Parkett erhält, also schließlich die ganze Ebene überdeckt. Wir können uns aber die zugrundeliegende Idee in den folgenden Schritten klar machen.

- Wir stellen uns vor, daß wir schon einen gewissen Teil der Ebene (etwa ein Quadrat) vollständig überdeckt haben.

- Wir werden uns anschließend klar machen, daß man aus diesem „Teilparkett" ein neues Teilparkett erhalten kann, das dieselbe Fläche überdeckt, aber aus größeren Kites und Darts besteht (diesen Prozeß nennt man „Komposition"). Die neuen Kites und Darts sind genau um den Faktor ϕ^2 größer als die ursprünglichen.

- Mit den neuen Kites und Darts kann man ein Teilparkett legen, das um den Faktor ϕ^2 größer ist als das ursprüngliche.

- Dieses neue Teilparkett kann wieder durch Kites und Darts der ursprünglichen Größe überdeckt werden (dies nennt man „Dekomposition").

- Dieser Prozeß wird beliebig oft wiederholt, so daß man ein beliebig großes Stück der Ebene überdecken kann, und schließlich kein Punkt unerfaßt bleibt.

Nun erklären wir noch die Begriffe Komposition und Dekomposition. Zunächst zur **Komposition**: Ein neues, **großes Kite** setzt sich aus zwei Kites und zwei Hälften je eines Darts zusammen; ein neues, **großes Dart** besteht aus einem kleinen Kite und zwei halben kleinen Darts (siehe Bild 5.22).

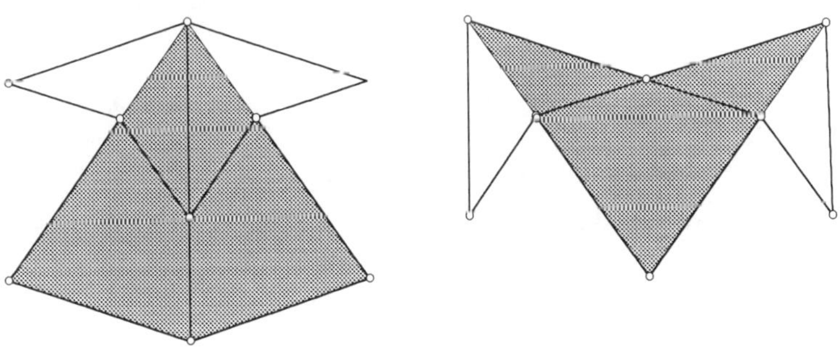

Bild 5.22

Eine Zerlegung der großen Teile in Kites und Darts der ursprünglichen Größe wird **Dekomposition** genannt.

Das folgende Bild zeigt, wie man aus einem Teilparkett durch Komposoition ein Teilparkett mit größeren Steinen erhält.

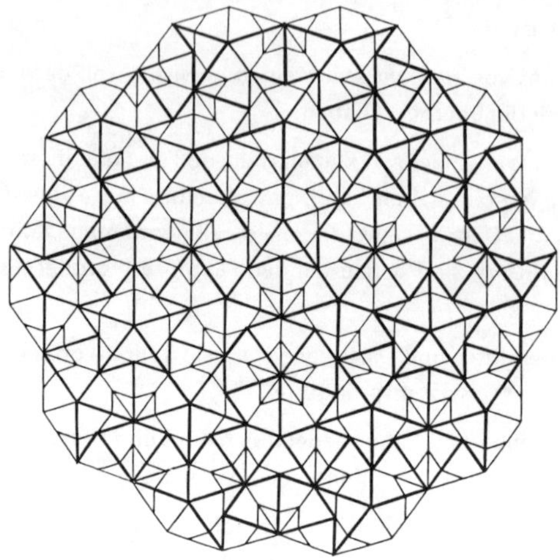

Bild 5.23

In ähnlicher Weise kann man auch zeigen, daß diese so erhaltenen Parkette aperiodisch sind. Wir verweisen dazu auf die Literatur (GRÜNBAUM/SHEPHARD und PENROSE), wo diese und weitere Eigenschaften dieses faszinierenden „Puzzlespiels" dargestellt werden.

Übungsaufgaben

1. In dieser Aufgabe geht es um einfache Dreiecke.

(a) Ein Dreieck habe die Seitenlängen a, b, c; ein anderes Dreieck die Seitenlängen $1/a, 1/b, 1/c$. Bestimmen Sie die obere Grenze für a/c.

(b) Zeigen Sie: Bilden die Seitenlängen eines rechtwinkligen Dreiecks eine geometrische Folge, so ist das Verhältnis der Hypothenuse zur kleineren Kathete der goldene Schnitt.

(c) In einem Dreieck ΔPQR möge gelten: $|QR|^2 = |PQ| \cdot |PR|$. Bestimmen Sie die untere und obere Grenze für $|PQ| / |PR|$.

2. Ein Tetraeder bestehe aus vier ähnlichen, ebenen Dreiecken, die nicht alle kongruent sind.

(a) Bestimmen Sie die obere Grenze für das Verhältnis der längsten zur kürzesten Seite des Tetraeders.

(b) Geben Sie eine Lösung an, bei der alle Seitenlängen ganzzahlig sind und die längste Seite höchstens 50 Einheiten lang ist.

3. Bei dieser Aufgabe werden einige Ergänzungen zum Abschnitt **5.4** bzw. zu Bild 5.6 behandelt.

(a) Wie muß das Rechteck aussehen, damit für das einbeschriebene Dreieck ΔAPQ gilt: $|PA| = |QA|$?

(b) Wie muß das Rechteck beschaffen sein, damit $|PA| = |PQ|$ gilt ?

(c) Eine "Umkehrung" des Problems 5.4 (*schwierig*):

Es sei ein Dreieck ΔAPQ gegeben.

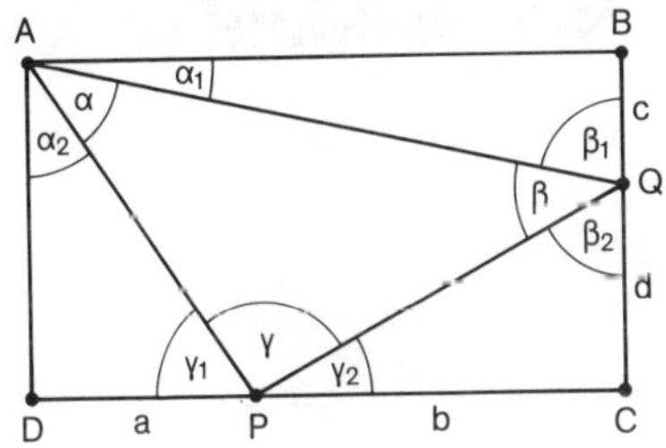

Bild 5.24

Zeigen Sie: Genau dann gibt es ein Rechteck ABCD, so daß P auf $\overline{CD}$ und Q auf $\overline{BC}$ liegt mit der Eigenschaft, daß die Flächen der Dreiecke ΔADP, ΔPCQ und ΔABQ gleich sind, wenn

$$\cot\beta + \cot\gamma = \cot\alpha$$

ist.

4. Überlegen Sie sich ein Verfahren, um zu einem gegebenen Halbkreis ein darin einbeschriebenes Quadrat geometrisch zu konstruieren.

(Hinweis: Betrachten Sie die 4. Konstruktion aus **1.3**.)

5. Bei dieser Ergänzung zu Abschnitt **5.7** sollen Sie auf ähnliche Weise wie dort zeigen:

(a) Bei einem Fraktal aus Quadraten ergibt sich im Grenzfall der Verkleinerungsfaktor $f = 1/2$.

Bild 5.25

(b) Bei einem Fraktal aus regulären Fünfecken ergibt sich im Grenzfall der Verkleinerungsfaktor $f = \phi^{-2}$.

Bild 5.26

Weitere interessante Beispiele, die den Zusammenhang zwischen goldenem Schnitt und Fraktalen beleuchten, finden sich bei WALSER.

Kapitel 6. Fibonacci-Zahlen

In diesem Kapitel werden wir die Fibonacci-Zahlen und ihre engen Zusammenhänge zum goldenen Schnitt behandeln. Da in der Natur und in der Kunst das Auftreten des goldenen Schnitts oft an Fibonacci-Zahlen festgemacht wird, sollte auch der eilige Leser die Definition und die wichtigsten Eigenschaften dieser Zahlen zur Kenntnis nehmen.

Die Fibonacci-Zahlen sind wohl die bekannteste Zahlenfolge überhaupt. Daher ist es nicht verwunderlich, daß die Literatur über diese Zahlen unübersehbar groß ist (Es gibt sogar eine Zeitschrift "Fibonacci Quarterly", die ausschließlich dem Studium dieser Zahlen gewidmet ist.). Wir werden uns hier selbstverständlich auf die Eigenschaften beschränken, die im Zusammenhang mit dem goldenen Schnitt stehen.

6.1 Das Kaninchenproblem

Im Jahre 1202 erschien das Buch *Liber abaci* (das Buch des Abakus) des 1175 geborenen LEONARDO VON PISA, der auch FIBONACCI (also "Sohn des Bonacci") genannt wurde. Ein Hauptziel dieses Buches war es, die Überlegenheit des arabischen Zahlensystems gegenüber dem römischen zu demonstrieren. Berühmt wurde dieses Buch (und mit ihm sein Verfasser) aber durch folgende scheinbar unscheinbare Aufgabe.

Wir betrachten die Nachkommenschaft eines Kaninchenpaares. Wie jedermann weiß, ist dieselbe außerordentlich groß. Wir wollen aber ganz genau wissen, wieviele Nachkommen es gibt. Dazu gehen wir von folgenden Annahmen aus:

(i) Jedes Kaninchenpaar wird im Alter von 2 Monaten gebärfähig.

(ii) Jedes Paar bringt (von da an) jeden Monat ein neues Paar zur Welt.

(∞) Alle Kaninchen leben ewig.

Unter diesen Annahmen lebt im ersten Monat ein Paar; dieses wird im zweiten Monat gebärfähig und gebiert im dritten Monat ein weiteres Paar. Auch im vierten Monat bringt das erste Paar ein neues Paar zur Welt, während im fünften

Monat beide Paare ein Kaninchenpaar zur Welt bringen. Im fünften Monat gibt es also insgesamt schon 5 Kaninchenpaare.

Wir veranschaulichen uns das Fortpflanzungsverhalten an folgendem Schaubild:

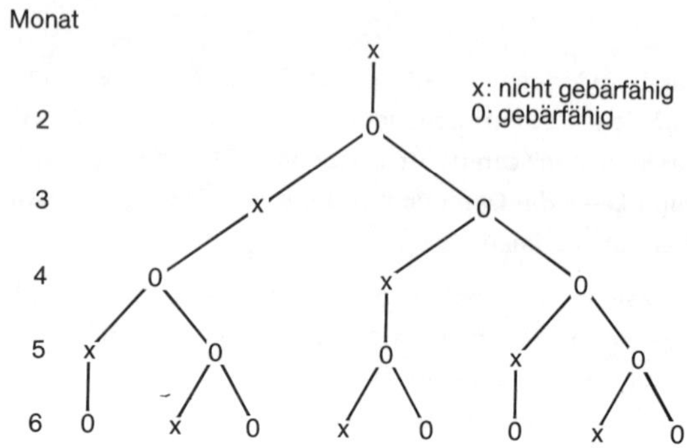

Bild 6.1

Mit f_n bezeichnen wir die **Anzahl der Kaninchenpaare**, die im n-ten Monat leben (einschließlich derer, die in diesem Monat geboren werden). Wie wir uns vorher überlegt haben, gilt

$$f_1 = 1, f_2 = 1, f_3 = 2, f_4 = 3, f_5 = 5, f_6 = 8, \text{ und so weiter.}$$

Und so weiter? Wie geht es denn weiter? Das ist die Frage, mit der wir uns in diesem Kapitel hauptsächlich beschäftigen werden. Eine erste Antwort gibt der folgende

Satz. *Es gilt* $f_{n+2} = f_{n+1} + f_n$.

Zum *Beweis* betrachten wir die Situation im (n + 1)-ten Monat. Zu diesem Zeitpunkt gibt es nach Definition genau f_{n+1} Kaninchenpaare. Von diesen sind genau f_n gebärfähig, nämlich diejenigen, die schon im n-ten Monat gelebt haben (genau diese Paare sind jetzt schon mindestens zwei Monate alt). Im (n + 2)-ten Monat bringen also genau f_n der f_{n+1} Paare ein junges Paar zur Welt. Dies bedeutet

$$\begin{aligned} f_{n+2} &= \text{Anzahl der Kaninchenpaare im } (n+1)\text{-ten Monat} \\ &+ \text{Anzahl der Paare, die im } (n+2)\text{-ten Monat geboren werden} \\ &= f_{n+1} + f_n. \ \square \end{aligned}$$

Dieser Satz ermöglicht es uns, die Zahlen $f_1, f_2, f_3, \ldots$ sehr schnell *rekursiv* auszurechnen. Zum Beispiel ist

$$f_7 = f_6 + f_5 = 8 + 5 = 13,$$
$$f_8 = f_7 + f_6 = 13 + 8 = 21, \text{usw.}$$

Die Zahlen $f_1, f_2, f_3, \ldots$, die definiert sind durch

(1) $f_{n+2} = f_{n+1} + f_n$ für $n \geqq 1$, sowie

(2) $f_1 = 1$ und $f_2 = 1$

heißen die **Fibonacci-Zahlen**. Die Fibonacci-Zahl f_n ist also die Anzahl der Kaninchenpaare, die im n-ten Monat leben. Die Folge $(f_1, f_2, f_3, \ldots)$ nennen wir die **Fibonacci-Folge**.

Fibonacci-Zahlen kommen an vielen Stellen innerhalb und außerhalb der Mathematik vor. Die folgenden, mehr oder weniger künstlichen Beispiele sprechen für sich selbst.

6.1.1 Treppensteigen

Ein Briefträger steigt täglich eine lange Treppe nach folgendem Muster empor: Die erste Stufe betritt er in jedem Fall. Von da an nimmt er jeweils nur eine Stufe oder aber zwei Stufen auf einmal.

Auf wieviel verschiedene Arten kann der Briefträger die n-*te Stufe erreichen?*

Die Antwort lautet: *Auf genau* f_n *viele Arten.*

(Da $f_{40} = 102\,334\,155$ ist, gibt es also über 100 Millionen Möglichkeiten, eine 40stufige Treppe zu besteigen.)

Um die Antwort einzusehen, bezeichnen wir vorläufig die Anzahl der Möglichkeiten, mit denen man die n-te Stufe erreichen kann, mit s_n. Die erste Treppenstufe erreicht der Briefträger nur auf eine Weise; ebenso kann er zur zweiten Sufe nur kommen, indem er zuerst auf die erste und danach in einem gewöhnlichen Schritt auf die zweite Stufe geht. Also ist $s_1 = 1$ und auch $s_2 = 1$.

Um die $(n+2)$-te Stufe zu erreichen, gibt es zwei prinzipiell verschiedene Möglichkeiten. Im ersten Fall kommt der Briefträger von der $(n+1)$-ten Stufe her. Da es genau s_{n+1} viele Arten gibt, auf die $(n+1)$-te Stufe zu kommen, gibt es also in diesem ersten Fall genau s_{n+1} viele Arten, auf die Stufe $n+2$ zu kommen.

Im zweiten Fall kommt der Briefträger in einem Doppelschritt von der n-ten Stufe her. Jetzt gibt es also nur genau s_n Arten, die (n + 2)-te Stufe zu erreichen.

Zusammen ergibt sich $s_{n+2} = s_{n+1} + s_n$.

Somit erfüllen die Zahlen $s_1, s_2, s_3, \ldots$ genau die definierenden Eigenschaften der Fibonacci-Zahlen. Also sind $s_1, s_2, s_3, \ldots$ die Fibonacci-Zahlen. Das heißt, $s_n = f_n$.

6.1.2 Der Stammbaum der Drohne

Eine Drohne (männliche Biene) schlüpft aus einem *un*befruchteten Ei einer Bienenkönigin, während aus den *befruchteten* Eiern die (weiblichen, sorry) Arbeiterbienen und Königinnen schlüpfen. Eine Drohne hat also nur ein Elter (nämlich eine Königin), während Königinnen, wie es sich gehört, zwei Eltern haben.

Anhand des Bildes 6.2 wird klar, daß in der n-ten Vorfahrengeneration genau f_n Vorfahren existieren, und zwar f_{n-1} weibliche und f_{n-2} männliche. (Eine Königin entspricht im Kaninchenproblem einem gebärfähigen, eine Drohne einem nicht-gebärfähigen Paar.)

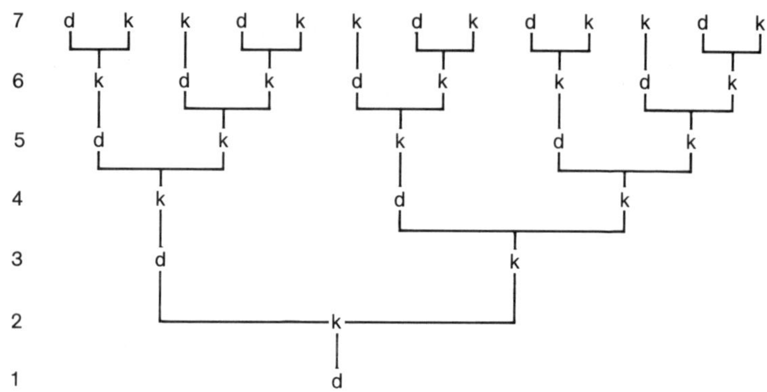

Bild 6.2

6.1.3 Energiezustände eines Elektrons

Das Elektron eines Wasserstoffatoms befinde sich zunächst im Grundzustand. Es kann Energie aufnehmen und abgeben, und zwar jeweils einen oder zwei Energiequanten; dies soll so geschehen, daß das Elektron sich entweder im Grundzustand (0) befindet, oder den ersten (1) oder zweiten (2) Energiezustand innehat.

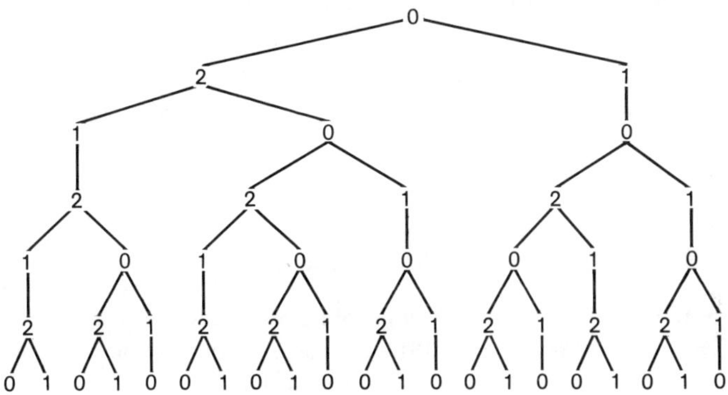

Bild 6.3

Nach n Wechseln (Gewinn oder Verlust von Energie) gibt es genau f_{n+2} mögliche Arten, wie sich das Elektron verhalten haben kann (und zwar gibt es f_{n+1} Arten, in den Zustand 0 oder 2 gelangt zu sein und f_n Möglichkeiten, den Zustand 1 erreicht zu haben.)

6.2 ϕ und Fibonacci

Bezeichnet man die Potenzen ϕ^n von ϕ mit u_n, also

$$u_1 = \phi, \; u_2 = \phi^2, u_3 = \phi^3, \text{usw.},$$

so gilt

$$u_{n+2} = \phi^{n+2} = \phi^n \cdot \phi^2 = \phi^n \cdot (\phi + 1) = \phi^{n+1} + \phi^n = u_{n+1} + u_n.$$

Diesen Sachverhalt kennen wir schon von der Definition der Fibonacci-Zahlen. Entsprechendes gilt auch für die Zahlen $v_1, v_2, \ldots$, die durch

$$v_n = (-1/\phi)^n$$

definiert sind. Es gilt nämlich

$$v_{n+2} = (-1/\phi)^{n+2} = (-1/\phi)^n \cdot (-1/\phi)^2 = (-1/\phi)^n \cdot (1/\phi)^2$$
$$= (-1/\phi)^n \cdot [1 - 1/\phi] = (-1/\phi)^n + (-1)^{n+1} \cdot (1/\phi)^{n+1}$$
$$= (-1/\phi)^n + (-1/\phi)^{n+1} = v_n + v_{n+1}.$$

Es gibt noch sehr viel mehr Folgen mit dieser Rekursionseigenschaft. Wir definieren: Eine Folge $a_1, a_2, a_3, \ldots$ reeller Zahlen heißt eine **Lucas-Folge**, falls für alle $n \geqq 1$ gilt

$$a_{n+2} = a_{n+1} + a_n.$$

Lucas-Folgen werden nach E. LUCAS (1842-1891) benannt.

Eine Folge ist also genau dann eine Lucas-Folge, wenn jedes Folgenglied die Summe seiner beiden Vorgänger ist. Die Lucas-Folge mit den beiden Anfangswerten $a_1 = 1$ und $a_2 = 1$ ist gerade die Fibonacci-Folge.

Die Folgen $f_1, f_2, f_3, \ldots, \phi, \phi^2, \phi^3, \ldots$, sowie $-1/\phi, 1/\phi^2, -1/\phi^3, \ldots$ sind die mit Abstand wichtigsten Lucas-Folgen.

Der folgende Hilfssatz zeigt, daß alle Lucas-Folgen auf die Fibonacci-Folge zurückgeführt werden können.

Hilfssatz. *Für jede Lucas-Folge* $(a_1, a_2, a_3, \ldots)$ *und für jede natürliche Zahl* $k \geqq 2$ *gilt:*

$$a_{k+1} = f_k \cdot a_2 + f_{k-1} \cdot a_1.$$

Der *Beweis* erfolgt durch Induktion nach k. Der Induktionsanfang ist gesichert; es gilt nämlich

$$a_{2+1} = a_3 = a_2 + a_1 = 1 \cdot a_2 + 1 \cdot a_1 = f_2 \cdot a_2 + f_1 \cdot a_1$$

und

$$a_{3+1} = a_4 = a_3 + a_2 = a_2 + a_1 + a_2 = f_3 \cdot a_2 + f_2 \cdot a_1.$$

Nun nehmen wir an, daß die beiden folgenden Gleichungen gelten:

$$a_k = f_{k-1} \cdot a_2 + f_{k-2} \cdot a_1 \quad \text{und} \quad a_{k+1} = f_k \cdot a_2 + f_{k-1} \cdot a_1.$$

Indem wir die definierende Eigenschaft einer Lucas-Folge ausnutzen, erhalten wir

$$a_{k+1\ +1} = a_{k+2} = a_{k+1} + a_k = f_k \cdot a_2 + f_{k-1} \cdot a_1 + f_{k-1} \cdot a_2 + f_{k-2} \cdot a_1$$
$$= (f_k + f_{k-1}) \cdot a_2 + (f_{k-1} + f_{k-2}) \cdot a_1 = f_{k+1} \cdot a_2 + f_k \cdot a_1 . \square$$

Betrachtet man statt einer allgemeinen Lucas-Folge die speziellen Lucas-Folgen $(u_1, u_2, \ldots) = (\phi, \phi^2, \ldots)$ und $(v_1, v_2, \ldots) = (-1/\phi, 1/\phi^2, \ldots)$, so erhält man die folgenden Darstellungen:

$$\phi^n = f_n \cdot \phi + f_{n-1}$$

und

$$(-1/\phi)^n = f_{n-1} - f_n/\phi .$$

Dies folgt so:

$$\phi^n = u_n = f_{n-1} \cdot u_2 + f_{n-2} \cdot u_1 = f_{n-1} \cdot \phi^2 + f_{n-2} \cdot \phi$$
$$= f_{n-1} \cdot (\phi + 1) + f_{n-2} \cdot \phi = (f_{n-1} + f_{n-2}) \cdot \phi + f_{n-1} = f_n \cdot \phi + f_{n-1} .$$

Die zweite Gleichung ergibt sich entsprechend:

$$(-1/\phi)^n = v_n = f_{n-1} \cdot v_2 + f_{n-2} \cdot v_1 = f_{n-1}/\phi^2 - f_{n-2}/\phi$$
$$= f_{n-1} \cdot (2-\phi) - f_{n-2} \cdot (\phi-1) = f_{n-1} - (f_{n-1} + f_{n-2})(\phi-1) = f_{n-1} - (\phi-1) f_n .$$

Mit Hilfe dieser Gleichungen können wir nun die berühmte Binet-Formel herleiten, die eine explizite Darstellung der Fibonacci-Zahlen mit Hilfe des goldenen Schnitts ist.

Binet-Formel. *Für alle natürlichen Zahlen* n *gilt*

$$f_n = [\phi^n - (-1/\phi)^n]/\sqrt{5} = [((1+\sqrt{5})/2)^n - ((1-\sqrt{5})/2)^n]/\sqrt{5} .$$

Um die *Gültigkeit dieser Formel einzusehen*, subtrahieren wir die Gleichung

$$(-1/\phi)^n = f_{n-1} - f_n/\phi$$

von

$$\phi^n = f_n \cdot \phi + f_{n-1}$$

und erhalten

$$\phi^n - (-1/\phi)^n = f_n \cdot \phi + f_n/\phi = f_n \cdot (\phi + 1/\phi) = f_n \cdot \sqrt{5} .$$

Daraus folgt die behauptete Binet-Formel. □

Bemerkungen. **1.** Manche Autoren (z.B. COXETER 1969, S. 167) behaupten, die Binet-Formel sei von J.P.M. BINET 1843 entdeckt worden. Demgegenüber stellt SCHROEDER 1984, S. 65 lakonisch fest, daß diese Formel bereits 1718 von A. DE MOIVRE entdeckt und zehn Jahre später von Nicolas BERNOULLI bewiesen worden sei.

2. Das Erstaunliche an der Binet-Formel ist, daß sich für jedes n die irrationalen Terme gegenseitig so aufheben, daß letztlich ein ganzzahliger Wert zum Vorschein kommt.

3. Man kann die Binet-Formel benutzen, um die Fibonacci-Zahlen 'asymptotisch' zu bestimmen. Für große n ist nämlich der Term $(-1/\phi)^n$ verschwindend klein; daher gilt

$$f_n \approx \phi^n/\sqrt{5}.$$

In Wirklichkeit ist das auch für kleine n fast richtig; es gilt nämlich

$$f_n = \lfloor \phi^n/\sqrt{5} + 1/2 \rfloor,$$

wobei mit $\lfloor x \rfloor$ die größte ganze Zahl kleiner oder gleich x bezeichnet wird.

Auf den Beweis dieser Tatsache verzichten wir hier.

Nun betrachten wir die **"Fibonacci-Quotienten"** f_{n+1}/f_n. Diese haben der Reihe nach die Werte

$$1;\ 2;\ 1{,}5;\ 1{,}6666...;\ 1{,}6;\ 1{,}625;\ ...$$

Mit unserem bereits geübten Auge erkennen wir, daß diese Zahlen um ϕ kreisend sich dem goldenen Schnitt immer mehr nähern. Diese Vermutung zu bestätigen, ist das Ziel des folgenden Satzes.

Satz. *Die Folge*

$$f_2/f_1,\ f_3/f_2,\ f_4/f_3,\ f_5/f_4, ...$$

ist konvergent; ihr Grenzwert ist ϕ.

Um diesen Satz zu *beweisen*, setzen wir zunächst zur Abkürzung

$$x_n = f_{n+1}/f_n \quad (n \geqq 1).$$

Dann ist zu zeigen, daß die Folge $(x_1, x_2, x_3, ...)$ gegen ϕ konvergiert.

1. Schritt. Es gilt $x_n = 1 + 1/x_{n-1}$ für $n \geqq 2$.

Es ist *nämlich*

$$1 + 1/x_{n-1} = 1 + f_{n-1}/f_n = (f_n + f_{n-1})/f_n = f_{n+1}/f_n = x_n.$$

2. Schritt. Es gilt $|\phi - x_n| = |\phi - x_{n-1}|/(\phi \cdot x_{n-1})$.

Dies folgt so:

$$\phi - x_n = 1 + 1/\phi - (1 + 1/x_{n-1}) = 1/\phi - 1/x_{n-1} = (x_{n-1} - \phi)/(\phi \cdot x_{n-1}).$$

Daraus folgt die Behauptung, da ϕ und x_{n-1} positiv sind.

3. Schritt. Es ist $|\phi - x_n| \leqq |\phi - x_2|/\phi^{n-2}$.

Denn: Aus dem zweiten Schritt folgt zunächst wegen $x_{n-1} \geqq 1$ die Ungleichung

$$|\phi - x_n| \leqq |\phi - x_{n-1}|/\phi,$$

und daraus ergibt sich

$$|\phi - x_n| \leqq |\phi - x_{n-1}|/\phi \leqq |\phi - x_{n-2}|/(\phi \cdot \phi) \leqq \ldots \leqq |\phi - x_2|/\phi^{n-2}.$$

Da $\phi > 1$ ist, wird demnach $|\phi - x_n|$ mit wachsendem n beliebig klein. Also nähert sich x_n der Zahl ϕ beliebig nahe an. Das bedeutet aber nichts anderes als daß die Folge $x_1, x_2, x_3, \ldots$ den Grenzwert ϕ hat. Mit anderen Worten: Die Folge $f_2/f_1, f_3/f_2, f_4/f_3, \ldots$ konvergiert gegen ϕ. □

Wir bemerken noch, daß man (mit denselben Methoden) zeigen kann, daß sogar die Quotienten $a_2/a_1, a_3/a_2, a_4/a_3, \ldots$ einer jeden Lucas-Folge $a_1, a_2, a_3, \ldots$ den Grenzwert ϕ haben, wenn nur die Anfangsglieder a_1 und a_2 dasselbe Vorzeichen haben (siehe Übungsaufgabe **6.1**).

BARAVALLE schlägt vor, dieses Ergebnis seinen Zuhörern in Form eines "Zaubertricks" vorzuführen, also etwa "Wählen Sie sich zwei beliebige Zahlen, ..."

6.3 Ein geometrischer Trugschluß

Man teile ein Quadrat der Seitenlänge 13 so auf wie in Bild 6.4 angegeben und setze es zu einem Rechteck der Seitenlängen 8 und 21 zusammen. Berechnet man die Flächeninhalte, so ergibt sich für das Quadrat $13^2 = 169$, für das Rechteck aber nur $8 \cdot 21 = 168$.

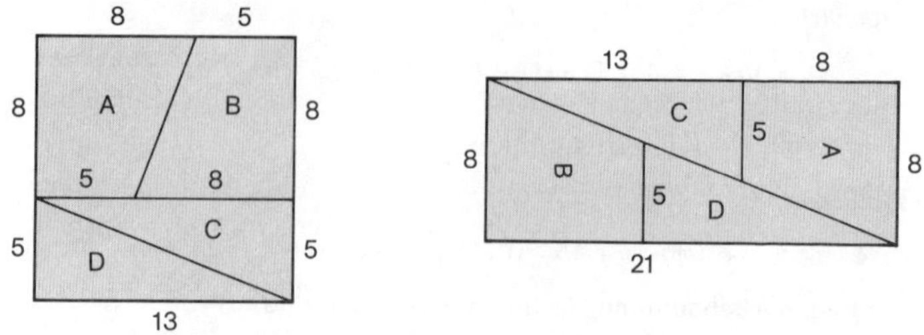

Bild 6.4

WAS IST HIER PASSIERT ?

*

Bevor wir diesen Trugschluß aufklären, wollen wir ihn verallgemeinern. Dieser Betrug kann nämlich mit jedem Quadrat vorgenommen werden, dessen Seitenlänge eine Fibonacci-Zahl f_n ist. Da f_n die Summe der Fibonacci-Zahlen f_{n-1} und f_{n-2} ist, kann man das Quadrat entsprechend aufteilen und wieder zu einem Rechteck (?) zusammensetzen.

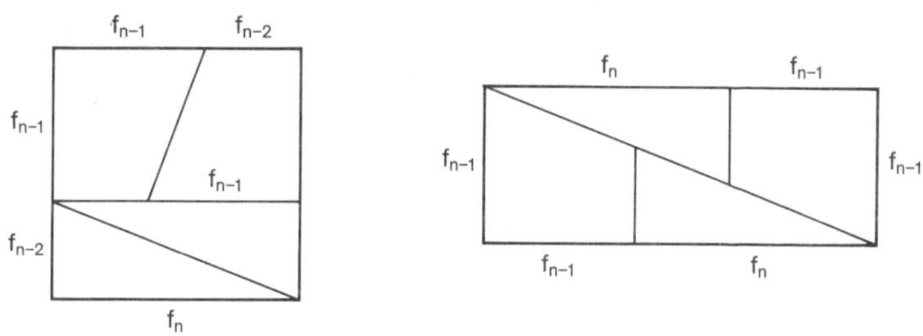

Bild 6.5

Der Flächeninhalt des Quadrats ist f_n^2, der des Rechtecks ergibt sich als

$$(f_n + f_{n-1}) \cdot f_{n-1} = f_{n+1} \cdot f_{n-1}.$$

Daß diese beiden Flächeninhalte sich nur um eine Einheit unterscheiden, ist der Inhalt der

Simpson-Identität. *Für alle* $n \geqq 2$ *gilt*

$$f_{n+1} \cdot f_{n-1} - f_n^2 = (-1)^n.$$

Der *Beweis* dieser Formel erfolgt durch Induktion nach n.

Ist $n = 2$, so haben wir $f_3 \cdot f_1 - f_2^2 = 2 \cdot 1 - 1^2 = 1 = (-1)^2$.

Sei nun die Aussage richtig für $n > 2$. Wir zeigen, daß die Behauptung auch für $n + 1$ gilt.

$$f_{n+2} \cdot f_n - f_{n+1}^2 = (f_{n+1} + f_n) \cdot f_n - f_{n+1}^2$$
$$= f_{n+1} \cdot (f_n - f_{n+1}) + f_n^2 = f_{n+1} \cdot (f_n - f_{n+1}) + f_{n+1} \cdot f_{n-1} - (-1)^n$$
$$= f_{n+1} \cdot (f_n + f_{n-1} - f_{n+1}) + (-1)^{n+1} = (-1)^{n+1}. \square$$

*

Damit ist die Simpson-Identität bewiesen, aber obiger Trugschluß noch lange nicht aufgeklärt. Was ist daran Lug und Trug? – Es muß ja daran liegen, daß das 'Rechteck' keines ist. In der Tat ist es so, daß Teile an der Diagonalen nicht zusammenpassen; je nach Fibonacci-Zahl überlappen sie sich dort ein wenig oder lassen eine winzige Lücke von insgesamt einer Einheit.

Die Steigungen der entsprechenden Geraden sind nämlich f_{n-3} / f_{n-1}, f_{n-2} / f_n und f_{n-1} / f_{n+1}. Da diese Zahlen sich aber (insbesondere bei großem n) fast nicht unterscheiden, ist der Trugschluß durch bloßen Augenschein kaum aufzudecken.

Die einzige Möglichkeit, ein Quadrat ähnlich wie oben so zu zerschneiden, daß die Teile zu einem richtigen Rechteck zusammengesetzt werden können, besteht darin, die Seiten im goldenen Schnitt zu teilen (siehe Bild 6.6). Der Flächeninhalt ist dann in beiden Fällen gleich Φ^2.

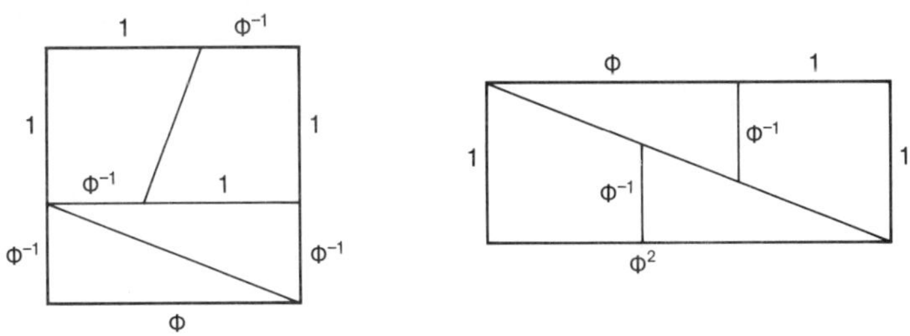

Bild 6.6

Übungsaufgaben

1. Zeigen Sie: Die Quotienten

$$a_2/a_1,\ a_3/a_2,\ a_4/a_3,\ldots$$

einer Lucas-Folge $a_1, a_2, a_3, \ldots$, deren Anfangsglieder a_1 und a_2 dasselbe Vorzeichen haben, haben den Grenzwert ϕ.

2. Zeigen Sie: Für jede Lucas-Folge $a_1, a_2, a_3, \ldots$ gilt:

(a) $a_1 + a_2 + \ldots + a_n = a_{n+2} - a_2$,

(b) $a_2 + a_4 + a_6 + \ldots + a_{2n} = a_{2n+1} - a_1$,

(c) $a_1 + a_3 + a_5 + \ldots + a_{2n-1} = a_{2n} - a_0$,

(d) $a_1^2 + a_2^2 + a_3^2 + \ldots + a_n^2 = a_n \cdot a_{n+1} - a_1 \cdot a_0$,

wobei a_0 als $a_0 = a_2 - a_1$ definiert sei.

3. Betrachten Sie die folgende Skizze einer Nießwurz und vergleichen Sie sie mit der Fortpflanzung von Kaninchen.

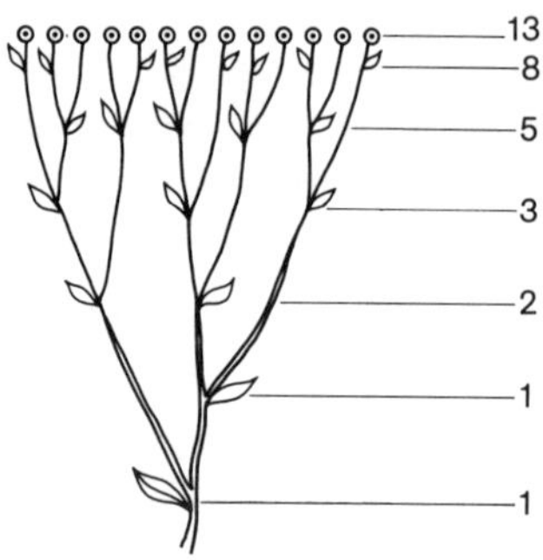

Bild 6.7

4. Zum Schluß noch zwei schwierigere Aufgaben.

(a) Für alle ganzen Zahlen n, h, k gilt:

$$f_{n+h} \cdot f_{n+k} - f_n \cdot f_{n+h+k} = (-1)^n \cdot f_h f_k.$$

(b) Genau dann ist f_m ein Teiler von f_n, wenn entweder $m = 2$ oder m ein Teiler von n ist $(m, n \geqq 1)$.

Kapitel 7. Kettenbrüche, Ordnung und Chaos

In diesem Kapitel beschreiben wir die Kettenbruchdarstellung des goldenen Schnittes und den dadurch begründeten Zusammenhang des goldenen Schnittes mit der Theorie dynamischer Systeme, mit "Ordnung" und "Chaos". Im ersten Abschnitt wird es dabei unvermeidlicherweise recht "mathematisch" werden. Wer aber starkes Vertrauen in die Mathematik hat, der mag einfach glauben, daß der goldene Schnitt durch seine Näherungsbrüche nur sehr langsam angenähert wird, und kann dann ohne weiteres gleich zum zweiten Abschnitt übergehen.

7.1 Die Kettenbruchdarstellung des goldenen Schnittes

Wir werden in diesem Abschnitt mehrfach allgemeine Ergebnisse über Kettenbrüche ohne Beweis zitieren. Mathematisch vorbelasteten Leserinnen und Lesern, die sich für die Beweise der Ergebnisse interessieren, empfehlen wir die im Literaturverzeichnis angegebenen Bücher von HARDY and WRIGHT, KHINTCHINE und PERRON.

Wir interessieren uns in diesem Kapitel für **Kettenbrüche**. Das sind Ausdrücke der Form

$$a_0 + \cfrac{1}{a_1 + \cfrac{1}{a_2 + \cfrac{1}{a_3 + \ldots + \cfrac{1}{a_n}}}}$$

Dabei sind die Zahlen $a_1,\ldots,a_{n-1}$ ganze, in der Regel sogar natürliche Zahlen, während a_n eine beliebige reelle Zahl sein darf. Da ein solcher Kettenbruch ziemlich umständlich zu schreiben ist, kürzen wir den obigen Ausdruck auch mit $[a_0, a_1, a_2, a_3, \ldots a_n]$ ab.

Die soeben definierten Kettenbrüche heißen auch **endlich**, da sie nach endlich vielen Gliedern abbrechen. Von besonderem Interesse sind aber **unendliche Kettenbrüche**, also Ausdrücke der Form

$$a_0 + \cfrac{1}{a_1 + \cfrac{1}{a_2 + \cfrac{1}{a_3 + \ldots}}}$$

Diese kürzen wir mit dem Symbol $[a_0, a_1, a_2, a_3, \ldots]$ ab. Dabei sind die a_i (für $i = 1,2,3,\ldots$) natürliche Zahlen, a_0 ist eine ganze (also eventuell auch negative) Zahl.

Über diese Kettenbrüche sind folgende Tatsachen bekannt:

1. *Jeder unendliche Kettenbruch ist konvergent und stellt daher eine reelle Zahl dar.*

2. *Jede reelle Zahl* a *kann als Kettenbruch dargestellt werden. Diese Darstellung ist eindeutig. Der zu einer reellen Zahl* a *zugehörige Kettenbruch ist endlich, wenn* a *rational ist, und unendlich, wenn* a *irrational ist.*

Wie sieht der Kettenbruch des goldenen Schnittes ϕ aus? Durch Betrachten der Gleichungen $\phi = 1 + 1/\phi = 1 + 1/(1 + 1/\phi) = \ldots$ kommt man unschwer zu der Vermutung $\phi = [1,1,1,\ldots]$. Daß diese Vermutung richtig ist, sagt der folgende

Satz. *Es gilt* $\phi = [1,1,1,\ldots]$.

Beweis. Nach den oben zitierten Ergebnissen ist $[1,1,1,\ldots]$ eine reelle Zahl a. Wir müssen zeigen, daß $a = \phi$ gilt. Offenbar ist a positiv, und es gilt

$$1 + 1/a = 1 + 1/[1,1,1,\ldots] = [1,1,1,1,\ldots] = a,$$

also $a^2 = a + 1$ und damit (nach dem Hilfssatz in **1.2**) $a = \phi$.□

Der goldene Schnitt bildet also den einfachsten aller unendlichen Kettenbrüche. Dieses Ergebnis nennt Huntley emphatisch *beautiful in its neat simplicity*.

Mit diesem Ergebnis erhalten wir auch die Kettenbruchdarstellungen von ϕ^{-1} und ϕ^2:

$$\phi^{-1} = \phi - 1 = [1,1,1,1,\ldots] - 1 = [0,1,1,1,\ldots] \text{ und}$$

$$\phi^2 = \phi + 1 = [1,1,1,1,\ldots] + 1 = [2,1,1,1,\ldots].$$

Wir halten fest, daß der **goldene** Kettenbruch [1,1,1, ...] unter allen unendlichen Kettenbrüchen derjenige mit den kleinstmöglichen Elementen (von positivem Index) ist. (Die a_i sind ja nach Definition natürliche Zahlen, also gilt in jedem Fall $a_i \geqq 1$.) Diese Eigenschaft begründet die außerordentlich wichtige Rolle des goldenen Schnittes in der Theorie der Kettenbrüche.

*

Die **endlichen Näherungsbrüche** [1], [1,1], [1,1,1], [1,1,1,1], ... des goldenen Schnittes liefern erstaunlicherweise altbekannte Werte:

Satz. *Für jede natürliche Zahl* n *gilt*

$$[1,1,1,...,1] = f_{n+1} / f_n,$$

wobei (natürlich) der Kettenbruch genau n *Einsen enthalten soll und* f_i *die i-te Fibonacci-Zahl ist.*

Mit anderen Worten: Die "Näherungsbrüche" des goldenen Schnittes sind genau die Fibonacci-Quotienten.

Beweis. Dieser erfolgt durch Induktion nach n.

Sei zunächst $n = 1$. In diesem Fall gilt $[1] = 1 = 1/1 = f_2 / f_1$.

Sei nun $n > 1$. Wir betrachten den Kettenbruch [1,1,1,...,1], der aus genau n Einsen bestehen soll. Dieser Kettenbruch sei kurzzeitig mit a_n bezeichnet. (Entsprechend ist a_{n-1} der Kettenbruch aus $n-1$ Einsen.) Wir sehen unschwer:

$$a_n = 1 + 1 / a_{n-1} = 1 + 1 / (f_n/f_{n-1}) = 1 + f_{n-1} / f_n = (f_n + f_{n-1}) / f_n = f_{n+1} / f_n.$$

Dies ist bereits die Behauptung.□

Da die Näherungsbrüche gegen den Wert des Kettenbruches konvergieren, liefert obiger Satz einen neuen Beweis für die Konvergenz der Fibonacci-Quotienten gegen den goldenen Schnitt (vergleiche Kapitel 6).

*

Die Bedeutung der Kettenbrüche liegt vor allem darin, daß man mit ihrer Hilfe beurteilen kann, wie gut sich *eine irrationale Zahl durch rationale Zahlen approximieren* läßt. Um die Qualität einer solchen Annäherung beschreiben zu können, definieren wir:

Eine irrationale Zahl a kann durch rationale Zahlen mit **Ordnung** k angenähert werden, wenn es eine nur von a abhängige Konstante c gibt, so daß die Gleichung

$$|a - p/q| < c / q^k$$

unendlich viele verschiedene Lösungen p/q hat (wobei p, q ganze Zahlen sein müssen).

Das größtmögliche solche k zu einer Zahl a gibt dann Aufschluß darüber, wie gut a durch rationale Zahlen approximiert werden kann: Je größer k ist, desto besser ist die Approximation.

Der folgende Satz erlaubt es, dieses k für den goldenen Schnitt zu bestimmen.

Satz. *Es gilt:*

$$\lim_{n\to\infty} |\phi - \frac{f_{n+1}}{f_n}| \cdot f_n^2 = \frac{1}{\sqrt{5}}$$

Beweis. Aus der Darstellung der Potenzen von ϕ^{-n} in **6.2** erhalten wir zunächst

$$|\phi^{-n}| = |f_{n-1} - f_n \cdot \phi^{-1}| = |f_{n+1} - f_n - f_n(\phi - 1)| = |f_{n+1} - f_n \cdot \phi|$$

und damit

$$|\phi - f_{n+1}/f_n| \cdot f_n^2 = |\phi \cdot f_n - f_{n+1}| \cdot f_n = \phi^{-n} \cdot f_n.$$

Mit Hilfe der Binet-Formel (in **6.2**) ergibt sich daraus weiter:

$$|\phi - f_{n+1}/f_n| \cdot f_n^2 = \phi^{-n} \cdot f_n = \phi^{-n} \cdot [\phi^n - (-1)^n \cdot \phi^{-n}]/\sqrt{5} = [1 - (-1)^n \cdot \phi^{-2n}]/\sqrt{5}.$$

Da der Ausdruck ϕ^{-2n} mit steigendem n gegen 0 geht, folgt daraus insgesamt:

$$\lim_{n\to\infty} |\phi - \frac{f_{n+1}}{f_n}| \cdot f_n^2 = \lim_{n\to\infty} \frac{1 - (-1)^n \phi^{-2n}}{\sqrt{5}} = \frac{1}{\sqrt{5}} . \square$$

Am vorletzten Gleichheitszeichen im Beweis sehen wir durch Betrachten des Faktors $(-1)^n$ sehr schön, daß der Ausdruck $|\phi - f_{n+1}/f_n| \cdot f_n^2$ jeweils abwechselnd oberhalb und unterhalb von $1/\sqrt{5}$ liegt.

Damit erhalten wir also für unendlich viele n:

$$|\phi - f_{n+1}/f_n| < (1/\sqrt{5}) / f_n^2.$$

Vergleichen wir dieses Ergebnis mit der Definition der Ordnung einer irrationalen Zahl, so sehen wir, daß ϕ *mit Ordnung* 2 *angenähert* werden kann.

*

Aus dem folgenden Satz kann abgeleitet werden, daß die Zahl 2 in der Tat der größtmögliche Wert von k ist. Der Satz zeigt dabei sogar eine noch wesentlich stärkere Aussage: Selbst die Konstante $1/\sqrt{5}$ kann nicht mehr weiter (nach unten) verbessert werden.

Satz. *Sei* $\varepsilon < 1/\sqrt{5}$. *Dann gibt es höchstens endlich viele verschiedene Brüche* p/q *mit*

$$|\phi - p/q| < \varepsilon \cdot 1/q^2.$$

Der folgende *Beweis* ist sicherlich ein Bonbon für jeden echten Mathematiker; Amateure können allerdings dieses saure Drops verweigern, ohne sich um ihre Zukunft Gedanken machen zu müssen.

Ohne Einschränkung sei $\varepsilon > 0$. Dann gilt für alle Brüche p/q mit obiger Eigenschaft:

$$-\varepsilon \cdot 1/q^2 < \phi - p/q < \varepsilon \cdot 1/q^2.$$

Daher gibt es zu jedem Bruch p/q ein δ mit

$$|\delta| < \varepsilon < 1/\sqrt{5} \text{ und}$$

$$\phi - p/q - \delta/q^2 = 0, \text{ also } \phi = p/q + \delta/q^2.$$

Daraus folgt:

$$\delta/q = q\cdot\phi - p = q\cdot(\sqrt{5}+1)/2 - p = q\cdot\sqrt{5}/2 + q/2 - p,$$

also

$$\delta/q - q\cdot\sqrt{5}/2 = q/2 - p.$$

Durch Quadrieren erhält man daraus

$$\delta^2/q^2 - \delta\cdot\sqrt{5} = (q/2-p)^2 - 5q^2/4 = p^2 - pq - q^2.$$

Da die rechte Seite offensichtlich ganzzahlig ist, muß der Ausdruck auf der linken Seite ebenfalls ganzzahlig sein.

Wegen $|\delta| < 1/\sqrt{5} < 1$ ist δ^2/q^2 eine Zahl, die echt zwischen 0 und 1 liegt; ferner liegt $\delta\cdot\sqrt{5}$ echt zwischen -1 und $+1$. Daher sind nur die beiden folgenden Fälle möglich:

$$\delta^2/q^2 - \delta\cdot\sqrt{5} = 0 \text{ und } \delta^2/q^2 - \delta\cdot\sqrt{5} = 1$$

Im ersten Fall wäre $p^2 - pq - q^2 = 0$, woraus sukzessive

$$p^2 - pq = q^2,\ (2p-q)^2 = 5q^2 \text{ und } ((2p-q)/q)^2 = 5$$

folgen würde – im Widerspruch zur Irrationalität von $\sqrt{5}$.

Also bleibt nur der Fall $\delta^2/q^2 - \delta\cdot\sqrt{5} = 1$. In diesem Fall ist δ negativ, und es gilt:

$$1 = \delta^2/q^2 - \delta\cdot\sqrt{5} = \delta^2/q^2 + |\delta\cdot\sqrt{5}|.$$

Daraus folgt schließlich

$$\varepsilon^2/q^2 > \delta^2/q^2 = 1 - |\delta\sqrt{5}| > 1 - \varepsilon\cdot\sqrt{5} > 0.$$

Da der Bruch ε^2/q^2 mit steigendem q gegen 0 geht, kann die Ungleichung

$$\varepsilon^2/q^2 > 1 - \varepsilon\sqrt{5}$$

jedoch nur von endlich vielen Brüchen p/q erfüllt werden.□

*

Um die Güte der Approximation beim goldenen Schnitt einschätzen und mit der anderer irrationaler Zahlen vergleichen zu können, benötigen wir noch die folgenden Ergebnisse.

3. *Für jede irrationale Zahl* a *gibt es eine Konstante* c, *so daß die Ungleichung*

$$|a - p/q| < c\cdot 1/q^2$$

unendlich viele verschiedene Lösungen $p/q \in \mathbf{Q}$ *hat.*

4. *Für jede reelle Zahl* k *und* $c > 0$ *gibt es unendlich viele irrationale Zahlen* a, *für die die Ungleichung*

$$|a - p/q| < c\cdot 1/q^k$$

unendlich viele verschiedene Lösungen $p/q \in \mathbf{Q}$ besitzt.

Mit anderen Worten: Jede reelle Zahl kann mindestens mit Ordnung 2 angenähert werden, und es gibt sehr viele Zahlen, die besser, also mit einer Ordnung $k > 2$, approximiert werden können.

Der goldene Schnitt ist also eine der Zahlen, die am schlechtesten, d.h. nur mit der Ordnung 2, angenähert werden können. Diese Zahlenmenge ist jedoch noch recht groß. Sie besteht aus genau den Zahlen, bei denen die Elemente ihrer Kettenbrüche beschänkt sind und enthält also alle irrationalen, algebraischen Zahlen. "Recht groß" ist natürlich ein relativer Begriff. Es läßt sich zeigen, daß diese Menge innerhalb der reellen Zahlen das Maß Null hat.

Innerhalb dieser Menge können wir jedoch die Güte der Approximation weiter unterscheiden, etwa indem wir uns überlegen, wie klein die Konstante c in der Definition der Ordnung einer gegebenen irrationalen Zahl a gewählt werden kann.

Einen wichtigen Hinweis erhalten wir diesbezüglich durch ein weiteres Ergebnis.

5. *Ist* p_k / q_k *der k-te Näherungsbruch der Zahl* $a = [a_0, a_1, a_2, \ldots]$, *so gilt:*

$$1 / [q_k^2(a_{k+1} + 2)] < |a - p_k/q_k| < 1 / [q_k^2 \cdot a_{k+1}].$$

Dieser Satz zeigt, daß die Zahl a von den Näherungsbrüchen um so besser approximiert wird, je größer die a_{k+1} sind. (Wir erinnern uns, daß $\phi = [1,1,1,\ldots]$ die Zahl mit dem kleinstmöglichen a_{k+1} war.) Insbesondere erhalten wir:

6. *Für jede irrationale Zahl* a *gibt es unendlich viele verschiedene Brüche* p/q *mit*

$$|a - p/q| < 1/\sqrt{5} \cdot 1/q^2.$$

Wir nennen eine irrationale Zahl **mit** ϕ **verwandt**, wenn ihre Kettenbruchdarstellung sich nur in endlich vielen Elementen von $[1,1,1,\ldots]$ unterscheidet.

7. *Für jede irrationale Zahl* a, *die* ***nicht*** *mit* ϕ *verwandt ist, gibt es unendlich viele Brüche* p/q *mit*

$$|a - p/q| < 1/\sqrt{8} \cdot 1/q^2.$$

Jede irrationale Zahl wird also mindestens so gut approximiert wie ϕ, und alle Zahlen, die nicht mit ϕ verwandt sind, werden deutlich besser angenähert.

Aufgrund seiner kleinstmöglichen Kettenbruchelemente genießt ϕ (zusammen mit seinen Verwandten, wie etwa ϕ^{-1} und ϕ^2) damit unter allen irrationalen Zahlen eine Sonderstellung als die *am schlechtesten durch rationale Zahlen approximierbare Zahl.*

7.2 Der goldene Schnitt als "letzte Bastion der Ordnung im Chaos"

Überraschenderweise führt diese schlechte Approximation dazu, daß der goldene Schnitt in der Theorie dynamischer Systeme im Bereich des "Übergangs zwischen Ordnung und Chaos" eine beachtliche Rolle spielt. RICHTER schreibt dazu (leicht bombastisch):

Mystische Weltbilder vergangener Zeiten scheinen sich mit modernsten Erkenntnissen in den Naturwissenschaften und der Mathematik zu berühren. Das Verhältnis des goldenen Schnitts, die proportio divina - in Architektur, Biologie, Musik und frühen Spekulationen in der Astronomie immer wieder bemüht - erfährt eine eigenartige, neue Deutung, die sich mit tiefen mathematischen Theorien verbindet,... : Der goldene Schnitt charakterisiert in subtiler Weise die letzte Bastion von Ordnung im Chaos.

*

Anhand eines Vergleichs der Feder- und der Pendeldynamik wollen wir versuchen, einen kleinen Einblick in diesen Bereich zu geben.

Bei einer physikalischen Feder können wir mit den Newtonschen Bewegungsgesetzen die Änderung des Ortes (d.h. der Auslenkung) x der Feder in einem bestimmten Zeitintervall h als Abbildung beschreiben. Wenn wir diese Abbildung mehrfach anwenden, erhalten wir eine Folge $x_1, x_2, x_3, \ldots$ von Auslenkungen mit der Vorschrift:

$$x_{n+1} = 2\,x_n - x_{n-1} - (k/m)\cdot h^2\cdot x_n.$$

Dabei sind k und m Konstanten.

In ähnlicher Weise erhalten wir auch eine Vorschrift für die Winkelauslenkung beim Pendel:

$$x_{n+1} = 2\,x_n - x_{n-1} - (g/\ell)\cdot h^2\cdot \sin\,(x_n).$$

Wieder sind g und ℓ Konstanten (g ist die Erdbeschleunigung).

In Bild 7.1 und 7.2 sind (für gewisse Werte der Konstanten) die Feder- und die Pendeldynamik gegenübergestellt. Dabei wurden jeweils zwei aufeinanderfolgende Folgenglieder (x_{n+1}, x_n) als ein Punkt der (x,y)-Ebene dargestellt.

Es wird deutlich, daß bei dem Beispiel der Federdynamik in 6 Schritten eine Runde um den Nullpunkt vollführt wird. Die umgekehrte Größe W, also der Anteil einer Umdrehung, den ein Abbildungsschritt ergibt, wird **Windungszahl** genannt; in diesem Fall ist die Windungszahl W also gleich 1/6. Die Abbildung verdeutlicht auch, daß bei der Feder die Windungszahl jeweils gleich ist, unabhängig davon, in welchem Punkt (x_1, x_0) begonnen wird. Insofern wird hier von "stabiler Dynamik" gesprochen.

Wenn wir nun die beiden Abbildungen vergleichen, so stellen wir zunächst fest, daß sie im Zentrum ähnlich aussehen. Dies liegt daran, daß für kleine Werte von

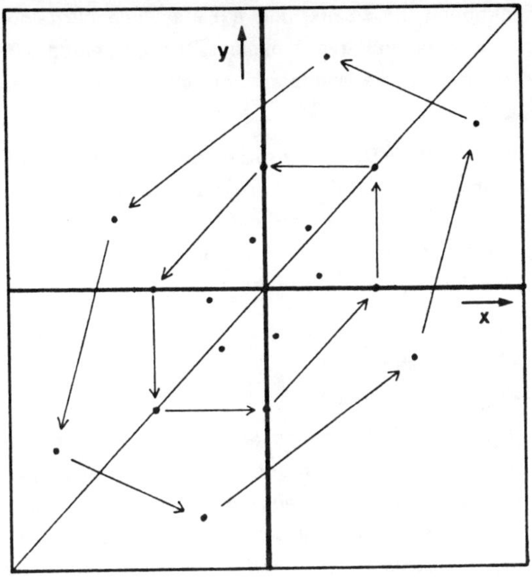

Bild 7.1

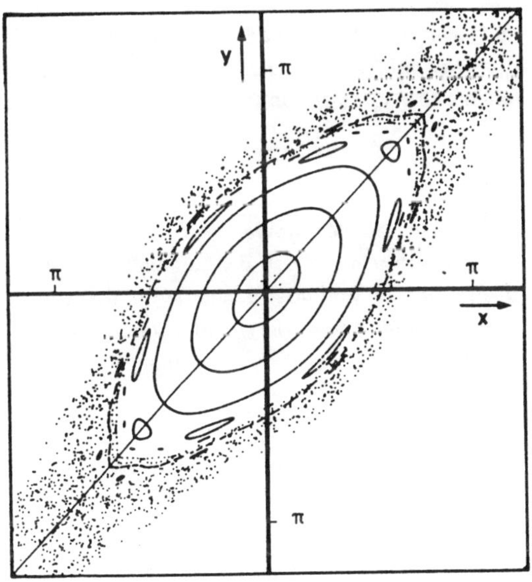

Bild 7.2

x die Funktionen $f(x) = \sin(x)$ und $f(x) = x$ sehr ähnlich sind. Bei größeren Werten für x, also bei größeren Winkelausschlägen, zeigt das Pendel hingegen ein anderes Verhalten; die Windungszahl hängt jetzt vom gewählten Ausgangspunkt ab.

Die anfänglich stabile Dynamik bröckelt beim Pendel für größere Ausschläge immer mehr ab und geht schließlich in den Zustand des Chaos über. Das "Chaos" ist vor allem dadurch charakterisiert, daß schon winzige Unterschiede bei den Ausgangspunkten große Unterschiede im Verlauf der Folge $x_1, x_2, x_3, \ldots$ hervorrufen.

Die jeweiligen Einflußzonen von Stabilität und Chaos stehen in einem sehr komplexen Verhältnis zueinander. RICHTER beschreibt den Übergang von Stabilität und Chaos sehr schön suggestiv:

[Es] breitet sich das Chaos immer stärker aus. Die vielen schmalen und zunächst kaum erkennbaren Chaosbänder wachsen zu einigen breiten zusammen. Schließlich bleiben als Trennlinien zwischen großen Chaosbereichen nur wenige Kurven, und irgendwann zerfällt auch die letzte. Und diese letzte Kurve hat - auf beinah geheimnisvolle Weise - mit dem goldenen Schnitt zu tun. Diese erstaunliche Tatsache, erst seit wenigen Jahren bekannt, hat wohl mehr als alles andere dazu beigetragen, daß überall in der Welt Mathematiker und Physiker die Eigenschaften solcher nichtlinearen Abbildungen studieren. Wie sollte man nicht an eine Harmonie an der Grenze von Ordnung und Chaos glauben?

*

Der Zusammenhang mit dem goldenen Schnitt ergibt sich über die Windungszahlen. Es zeigt sich nämlich, daß die Bahnen von Punkten desto unempfindlicher auf nichtlineare Störungen reagieren, je schlechter ihre Windungszahl durch rationale Zahlen angenähert werden kann; mit unseren Ergebnissen des ersten Abschnitts erhalten wir also: die "goldenen" Bahnen bleiben am längsten bestehen.

In manchen Berichten zu diesen Eigenschaften spürt man ganz deutlich die Begeisterung des jeweiligen Verfassers über den goldenen Schnitt, etwa wenn dieser als "optimal choice" bezeichnet wird, oder wenn es dazu heißt: *Offenbar steckt in dieser Eigenschaft der goldenen Windungszahl ein Stück Universalität, über das man sich ruhig ein wenig wundern darf.*

Übungsaufgaben

1. Welche irrationalen Zahlen werden durch die Kettenbrüche [2,2,2, ...] und [1,2,1,2,1,2, ...] dargestellt?

2. In dieser Aufgabe sollen Sie zeigen, daß der goldene Schnitt nicht nur in seiner Darstellung als Ketten*bruch*, sondern auch als **Kettenwurzel** bemerkenswert ist. Dazu betrachten wir die Folge $(a_n)_n$, die durch die folgende Eigenschaft definiert ist:

$$a_1 := 1 \text{ und } a_{n+1} := \sqrt{(1 + a_n)} \text{ für } n \in \mathbf{N}.$$

Diese Folge liefert eine Reihe ineinandergeschachtelter Wurzeln.

Zeigen Sie:

(a) Die Folge (a_n) ist streng monoton wachsend.

(b) $a_n < 2$ für alle $n \in \mathbf{N}$.

(c) (a_n) konvergiert gegen den goldenen Schnitt.

Kapitel 8. Spiele

"Der goldene Schnitt dient dazu, Gewinnstrategien für Spiele zu entwickeln." -- Einem solchen Satz wird man (trotz der in den vorigen Kapiteln erlebten Überraschungen) zunächst nur wenig Glauben schenken können. In diesem Kapitel wollen wir aber gerade diese Seite des goldenen Schnitts beleuchten. Unserer Meinung nach handelt es sich hierbei um eine der glänzendsten Erscheinungsformen des goldenen Schnitts. Bei beiden betrachteten Spielen klärt der goldene Schnitt – schon allein durch sein Auftreten – eine zuvor ziemlich undurchsichtige Situation. Anschließend ist es ein Leichtes, die Spiele vollends zu analysieren.

8.1 In die Wüste

Dieses von dem genialen britischen Mathematiker J. H. Conway erfundene Spiel ist ein typisches "Einsiedlerspiel". Ein (im Prinzip unbegrenztes) Spielfeld ist durch waagrechte und senkrechte Geraden in gleichgroße Quadrate eingeteilt. Für praktische Zwecke verwenden wir ein genügend großes Stück kariertes Papier.

Jedes kleine Quadrat (wir nennen diese Quadrate auch **Felder**) ist entweder durch eine Spielfigur besetzt oder eben nicht; auf einem Feld steht also höchstens eine Figur. Eine solche Spielfigur kann nur auf die folgende Art und Weise bewegt werden:

Steht auf einem benachbarten Feld eine Figur, so kann diese übersprungen werden, wenn das Feld hinter der übersprungenen Figur frei ist. Die übersprungene Figur muß dann (anders als etwa bei Halma) entfernt werden. Solch ein ***Zug*** *kann nach rechts, nach links, nach oben oder nach unten ausgeführt werden.*

Das sieht dann im Prinzip so aus:

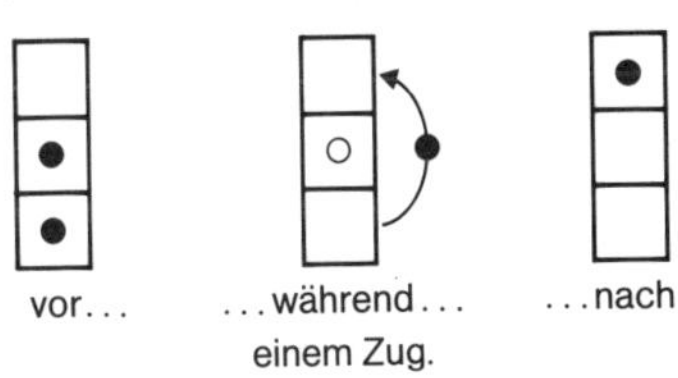

Bild 8.1

So weit, so gut. Die Eigenart des Spiels **"In die Wüste"** besteht nun darin, daß unser Spielfeld durch eine horizontale **Grenze** in zwei Hälften aufgeteilt ist. Im oberen Teil, der **Wüste**, befindet sich zu Beginn des Spieles keine Figur.

Die Aufgabe besteht nun darin, durch geschicktes Aufstellen der Figuren vor Spielbeginn **möglichst weit in die Wüste einzudringen**, und das mit möglichst wenigen Zügen bzw. mit möglichst wenigen Figuren.

Mit Hilfe des Grundspielzugs (Bild 8.1) kann man mit 2 Figuren in die erste Reihe der Wüste vordringen. Auch die zweite Reihe bietet keine Probleme:

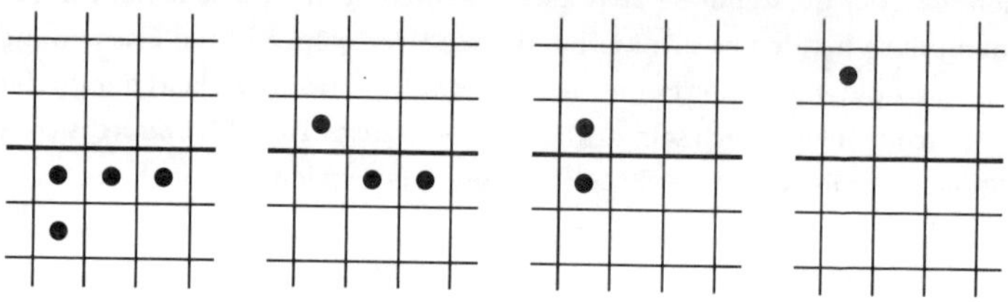

Bild 8.2

Für die dritte Reihe braucht man schon 8 Figuren (siehe Aufgabe **8.1**). Mit folgender Anfangsaufstellung kommt man zum Ziel:

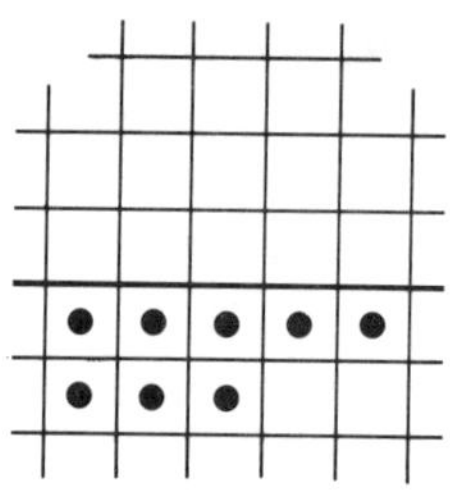

Bild 8.3

Für die vierte Reihe benötigt man nun nicht etwa – wie man vermuten könnte – 16 Figuren; man muß schon 20 Figuren zur Verfügung haben und ihre Aufstellung bereitet einiges Kopfzerbrechen. Sie sind aufgefordert, diese Behauptung spielend zu verifizieren! (Vgl. Aufgabe **8.2**.)

Versucht man, noch weiter in die Wüste vorzudringen, so tut man sich sehr schwer; es will und will nicht gelingen. Es scheint fast zwangsläufig so zu sein, daß immer mehr Figuren einsam und alleine herumstehen und nicht mehr nutzbringend eingesetzt werden können.

Probiert man noch ein paar Mal, so wird man vielleicht zu der Vermutung kommen, daß *die fünfte Reihe unerreichbar ist* – eine ganz unglaubliche Vermutung, zumal auch nicht ansatzweise zu sehen ist, wie man sie beweisen könnte.

Aber genau diese Vermutung soll nun bewiesen werden. Dazu überlegen wir uns zunächst, wie man das beweisen könnte (wir formulieren also nur eine 'Beweishoffnung'), um danach den Beweis vollends auszuführen.

*

Ein in solchen Zusammenhängen in der Mathematik sehr gebräuchliches Konzept ist das einer 'Gewichtung'. Dabei wird jedem Feld ein **Gewicht** (d. h. eine Zahl) zugeordnet. Eine solche Gewichtung sollte natürlich etwas mit dem Spiel zu tun haben; sie soll in gewissem Sinn die 'Güte' einer Stellung beschreiben. Genauer gesagt: Sie soll etwas über die Erfolgschancen aussagen, von einer bestimmten Spielsituation aus in eine bestimmte Reihe zu kommen.

Unter einer **Spielsituation** verstehen wir ein bestimmtes Arrangement von Spielfiguren auf dem Spielfeld. Die **Stärke** einer Spielsituation ist die Summe der Gewichte der *besetzten* Felder. Die Gewichtung soll nun so gemacht sein, daß beim Übergang von einer Spielsituation zur anderen die Stärke nicht zunimmt:

A. *Bei jedem Zug bleibt die Stärke erhalten oder wird sogar kleiner.*

Wenn wir also ein Feld der fünften Reihe erreichen würden, so müßte dann die Stärke der Ausgangssituation mindestens so groß gewesen sein wie das Gewicht des ins Auge gefaßten Feldes. Als Gewicht dieses Feldes in der fünften Reihe können wir ohne Einschränkung 1 wählen. Die Aufgabe besteht also darin, eine Gewichtung zu finden, die die Eigenschaft **A** und die folgende Eigenschaft **B** hat:

B. *Die Stärke einer jeden Ausgangssituation ist kleiner als* 1.

Wenn eine solche Gewichtung existiert, dann heißt dies, daß man mit einer endlichen Anzahl von Figuren nie in die fünfte Reihe kommen kann!

*

Auf der Suche nach einer solchen Gewichtung kommt nun als ein Gedankenblitz aus heiterem Himmel der goldene Schnitt ins Spiel. Wir werden die Felder des

Spielfelds mit Hilfe der Zahl $\sigma = \phi^{-1} = \phi - 1$ gewichten, und zwar in der folgenden Art und Weise:

				…	1	…				
				…	σ	…				
				…	σ^2	…				
			…	σ^4	σ^3	σ^4	…			
		…	σ^6	σ^5	σ^4	σ^5	σ^6	…		
σ^{10}	σ^9	σ^8	σ^7	σ^6	σ^5	σ^6	σ^7	σ^8	σ^9	σ^{10}
σ^{11}	σ^{10}	σ^9	σ^8	σ^7	σ^6	σ^7	σ^8	σ^9	σ^{10}	σ^{11}
…	σ^{11}	σ^{10}	σ^9	σ^8	σ^7	σ^8	σ^9	σ^{10}	σ^{11}	…
	…	σ^{11}	σ^{10}	σ^9	σ^8	σ^9	σ^{10}	σ^{11}	…	
		…	σ^{11}	σ^{10}	σ^9	σ^{10}	σ^{11}	…		
				………	………	………				
			………	………	………	………	………			
σ^{n+5}	σ^{n+4}	σ^{n+3}	σ^{n+2}	σ^{n+1}	σ^{n}	σ^{n+1}	σ^{n+2}	σ^{n+3}	σ^{n+4}	σ^{n+5}
………	………	………	………	………	………	………	………	………	………	………

Bild 8.4

Da $\sigma \approx 0{,}618$, also kleiner als 1 ist, kann man die Gewichtung grob wie folgt beschreiben: Nach oben und zur Mitte zu nehmen die Gewichte (ziemlich stark) zu.

Wir wollen jetzt für diese spezielle Gewichtung nachweisen, daß sie die Eigenschaften **A** und **B** hat.

Zunächst zu **A**. Wir unterscheiden 3 verschiedene Arten von Spielzügen.

1. Art : Man springt nach oben oder zur Mitte.

Das sieht dann etwa so aus:

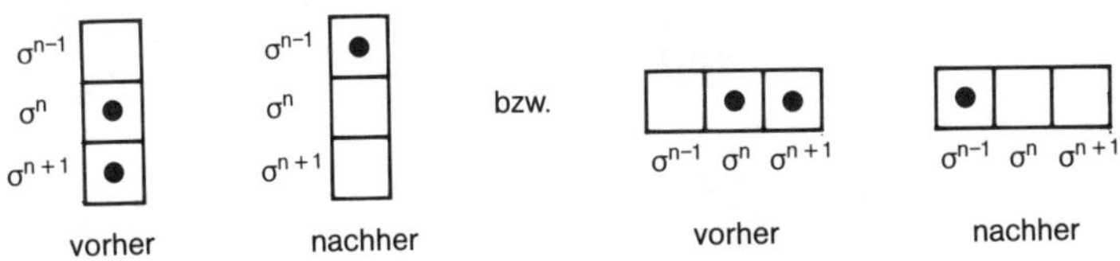

Bild 8.5

(Wir haben die Gewichte der Übersichtlichkeit halber neben die Felder geschrieben; n ist dabei eine natürliche Zahl.)

Als Beitrag, den die drei betrachteten Felder zur jeweiligen Stärke der Spielsituation liefern, ergibt sich *vor dem Zug* $\sigma^n + \sigma^{n+1}$ und *nach dem Zug* σ^{n-1}. Da aber $\sigma^{n-1} = \sigma^n + \sigma^{n+1}$ ist, bleibt die Stärke erhalten.

[Da obige Formel zentral für diesen Abschnitt ist, wollen wir sie noch einmal beweisen: Aus der Gleichung $\phi^2 = \phi + 1$ ergibt sich wegen $\phi = \sigma^{-1}$ die Beziehung $\sigma^{-2} = \sigma^{-1} + 1 = \sigma^{-1} + \sigma^0$. Multipliziert man diese Gleichung mit σ^{n+1}, so erkennt man $\sigma^{n-1} = \sigma^n + \sigma^{n+1}$.]

2. Zugart. Man springt nach unten oder nach außen.

In diesem Fall erhalten wir die folgenden typischen Bilder:

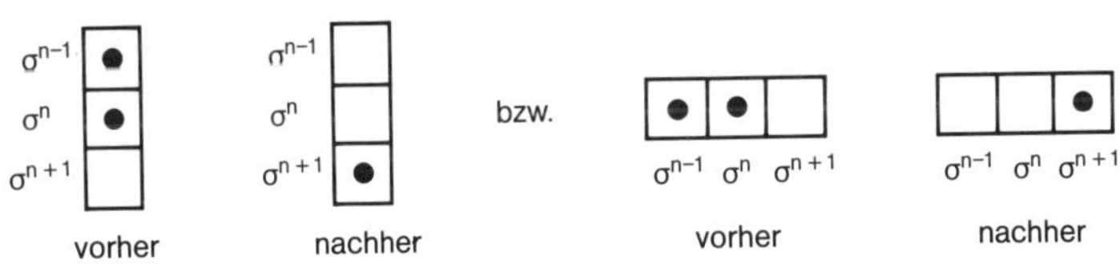

Bild 8.6

Der Beitrag dieser drei Felder zur Stärke ist *vorher* $\sigma^{n-1} + \sigma^n$ und *nachher* σ^{n+1}.

Da aber $\sigma < 1$ ist, folgt $\sigma^{n-1} + \sigma^n = \sigma^{n-2} > \sigma^{n+1}$. Also nimmt in diesem Fall die Stärke der Spielsituation ab!

Als dritte Art, einen Sprung auszuführen, bleibt dann nur noch

3. Art. Man überspringt eine Figur in der Mitte.

Das sieht dann z.B. so aus:

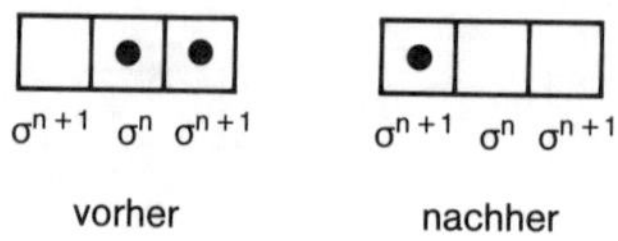

Bild 8.7

Als Beitrag zur Stärke ergibt sich *vorher* $\sigma^n + \sigma^{n+1}$ und *nachher* nur σ^{n+1}. Auch in diesem Fall nimmt die Stärke der Spielsituation also ab.

*

Da alle drei Fälle abgehandelt sind, haben wir also gezeigt, daß unsere Gewichtung mit Hilfe der Zahl σ die Eigenschaft **A** hat.

Wie steht es nun mit der Eigenschaft **B**? Wir zeigen, daß *die Summe der Gewichte aller Felder außerhalb der Wüste gleich* 1 *ist.* Da man nur mit endlich vielen Figuren starten kann (denn man kann ja nur endlich viele Züge machen), ergibt sich daraus, daß jede mögliche Ausgangssituation eine Stärke kleiner als 1 hat.

Auf den ersten Blick steht man den unendlich vielen Potenzen von σ etwas hilflos gegenüber; aber wir werden sehen, daß es nicht allzu schwierig ist, diese in den Griff zu kriegen.

Zuerst summieren wir die Gewichte einer Zeile von der Mitte nach rechts. Uns interessiert also die Summe

$$\sigma^n + \sigma^{n+1} + \sigma^{n+2} + \ldots$$

Um diese zu berechnen, braucht man nur die Methode, eine unendliche geometrische Reihe zu summieren, also die Formel

$$1 + q + q^2 + q^3 + \ldots = 1/(1-q), \text{ falls } 0 < q < 1.$$

In unserem Fall ergibt sich

$$\sigma^n + \sigma^{n+1} + \sigma^{n+2} + \ldots = \sigma^n \cdot (1 + \sigma + \sigma^2 + \ldots) = \sigma^n \cdot 1/(1-\sigma) = \sigma^n/\sigma^2 = \sigma^{n-2}.$$

(Die Gültigkeit des vorletzten Gleichheitszeichens ergibt sich mit $n = 1$ aus der zentralen Formel $\sigma^{n-1} = \sigma^n + \sigma^{n+1}$.)

Nun ist es keine Kunst mehr, die Gewichte der gesamten Zeile aufzuaddieren. Als Summe der Gewichte links von der Mitte kommt nämlich genau

$$\sigma^{n+1} + \sigma^{n+2} + \sigma^{n+3} + \ldots$$

hinzu, was nach obiger Formel gleich σ^{n-1} ist. Damit können wir die Stärke dieser Zeile ausrechnen; sie ist

$$\sigma^{n-1} + \sigma^{n-2} = \sigma^{n-3}.$$

Zum Beispiel ist die Stärke der Reihe, die am Rande der Wüste steht, gleich σ^2 ($n = 5$), die Stärke der unmittelbar darunterliegenden Reihe gleich σ^3, usw.

Also können wir auch die Gesamtstärke (d.h. das Gesamtgewicht) aller Reihen außerhalb der Wüste ausrechnen; wir erhalten

$$\sigma^2 + \sigma^3 + \sigma^4 + \ldots = \sigma^0 = 1.$$

Damit ist auch die Eigenschaft **B** vollständig nachgeprüft.

Als Fazit halten wir fest: *Mit einer noch so großen endlichen Anzahl von Spielfiguren kann man niemals die fünfte Reihe erreichen.*

8.2 Das Spiel von Wythoff

Dieses Zweipersonenspiel wurde im Jahre 1907 von W. A. Wythoff erfunden und vollständig analysiert. (Zur Analyse vergleiche man auch COXETER 1953.) Dieses **Spiel von Wythoff** ist verwandt mit dem bekannten Spiel NIM und wird nach folgenden Regeln gespielt:

Vor den beiden Spielern liegen zwei Haufen von jeweils beliebig vielen (nicht unterscheidbaren) Spielsteinen. Die Spieler nehmen abwechselnd Steine weg, und zwar

- *entweder von* ***einem*** *Haufen* ***beliebig viele*** *Spielsteine,*
- *oder von* ***beiden*** *Haufen* ***gleich viele*** *Spielsteine.*

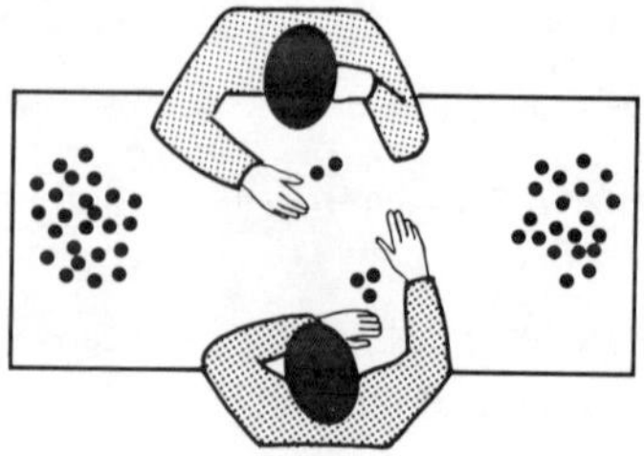

Bild 8.8

Gewonnen hat derjenige Spieler, der den letzten Stein wegnimmt.

Beispiel. Der eine Haufen bestehe aus zwei, der andere aus fünf Steinen. Wir beschreiben diese Verteilung durch das Zahlenpaar (2,5). Der Spieler, der an der Reihe ist, kann dann folgende Verteilungen herstellen:

(1,5), (0,5), oder

(2,4), (2,3), (2,2), (2,1), (2,0), oder

(1,4), (0,3).

Ein erfahrener Spieler (nennen wir ihn A) gewinnt dieses Spiel fast stets. Hinterläßt er z.B. seinem Gegner eine Verteilung (2,1), so muß der Opponent eine der Verteilungen (0,2), (1,1) oder (0,1) herstellen, und A kann mit einem weiteren Zug gewinnen.

Offenbar spielen gewisse Zahlenkombinationen für die Gewinnstrategie eine Schlüsselrolle und der kluge Spieler wird versuchen, diese 'Schlüsselkombinationen' zu erreichen.

Eine triviale Schlüsselkombination ist (0,0), dann hat der Spieler nämlich gewonnen. Gerade haben wir gesehen, daß auch (1,2) eine Schlüsselkombination ist. Die weiteren Schlüsselkombinationen sind (3,5), (4,7), ...

In diesem Abschnitt werden wir sehen, wie man diese Schlüsselkombinationen, die offenbar zum sicheren Sieg führen, berechnen kann; außerdem werden wir beweisen, daß diese Kombinationen tatsächlich gewinnträchtig sind.

Wir beginnen damit, 'Schlüsselkombinationen' zu definieren. Erst später werden wir dann zeigen, daß es sich hierbei tatsächlich um sichere *Gewinnkombinationen* handelt. Die **Schlüsselkombinationen** (a_i, b_i) werden wie folgt definiert:

(A0) $a_0 = 0, b_0 = 0.$

(A1) a_i ist die kleinste natürliche Zahl, die unter den Zahlen $a_0, ..., a_{i-1}$ und $b_0, ..., b_{i-1}$ *nicht* vorkommt ($i \geqq 1$).

(A2) $b_i = a_i + i.$

Das ist eine sehr 'konstruktive' Beschreibung der Schlüsselkombinationen; es ist kein Problem, alle (a_i, b_i) der Reihe nach auszurechnen:

(0,0), (1,2), (3,5), (4,7), (6,10), (8,13), (9,15), (11,18), (12,20), (14,23), ...

Für unsere Zwecke benötigen wir allerdings eine 'begriffliche' Charakterisierung der Schlüsselkombinationen. Dies ist der Inhalt des folgenden Hilfssatzes. Sein Beweis ist allerdings relativ umfangreich; der eilige Leser kann ihn aber überblättern, ohne fürchten zu müssen, daß er später Schwierigkeiten haben wird.

Hilfssatz. *Die Schlüsselkombinationen* (a_i, b_i) *lassen sich auch durch folgende Regeln charakterisieren:*

(B0) $a_0 = 0, b_0 = 0.$

(B1) *Jede natürliche Zahl kommt genau einmal als Element einer Kombination vor.*

(B2) *Jede natürliche Zahl kommt genau einmal als Differenz* $b_i - a_i$ *vor.*

(B3) *Die Folgen* $a_0, a_1, a_2, ...$ *und* $b_0 - a_0, b_1 - a_1, b_2 - a_2, ...$ *sind streng monoton wachsend; d.h. jedes Folgenglied ist größer als sein Vorgänger.*

Beweis. Zuerst zeigen wir, daß jede Schlüsselkombination die Eigenschaften (B0),..., (B3) hat. Offenbar sagen (A0) und (B0) dasselbe.

(B3) ergibt sich folgendermaßen: Daß die Folge $a_0, a_1, a_2, ...$ monoton wachsend ist, folgt unmittelbar aus der Konstruktion der a_i (siehe (A1)), während die Monotonie der Folge $b_0 - a_0, b_1 - a_1, b_2 - a_2, ...$ aus (A2) folgt.

(B2) erschließt sich ganz einfach aus (A2): Jede natürliche Zahl i ist die Differenz von b_i und a_i und kommt ansonsten nicht als Differenz vor.

Nun zu (B1): Wir zeigen zuerst, daß jede natürliche Zahl n mindestens einmal unter den a_i oder b_i vorkommt. Da die Folge $a_0, a_1, a_2, ...$ streng monoton wächst, a_i aber die kleinste Zahl sein muß, die bislang nicht vorkam, muß die Zahl n spätestens im n-ten Schritt, d.h. bei der Bestimmung von a_n, gewählt werden.

Nun müssen wir uns noch überlegen, daß keine Zahl mehrfach vorkommt. Da die a_i streng monoton wachsen (wie wir oben gesehen haben), kommt unter ihnen keine Zahl doppelt vor. Das gleiche gilt für die b_i, die wegen (A2) ebenfalls streng monoton wachsen.

Schließlich führen wir noch die Annahme $a_i = b_j$ zum Widerspruch. Ist $i < j$, so erhält man den Widerspruch aus $a_i < a_j < b_j$; ist hingegen $i > j$, so folgt der Widerspruch daraus, daß man bei der Wahl von a_i nicht b_j $(=a_i)$ hätte wählen dürfen, da diese Zahl schon im j-ten Paar vorkam.

Zusammen haben wir also gezeigt, daß jede natürliche Zahl genau einmal als Element einer Kombination vorkommt.

Nun beginnt der Tragödie zweiter Teil. Wir müssen beweisen, daß die durch (B0), ..., (B4) definierten Kombinationen tatsächlich die Schlüsselkombinationen sind.

Aus (B2) und (B3) folgt (A2); denn die einzige streng monoton wachsende Folge natürlicher Zahlen, in der jede natürliche Zahl vorkommt, ist 1,2,3, ...

Wir müssen uns noch von der Gültigkeit von (A1) überzeugen. Sei dazu n die kleinste natürliche Zahl, die unter den Zahlen $a_0, \ldots, a_{i-1}, b_0, \ldots, b_{i-1}$ nicht vorkommt. Nach (B3) ist dann $a_i \geqq n$. Angenommen, $a_i > n$. Da die Folge $a_0, a_1, a_2,$ ... streng monoton wächst, kann n dann kein Element dieser Folge sein. Wegen (B1) müßte also $n = b_j$ für ein $j \geqq i$ gelten. Aufgrund der (schon bewiesenen) Eigenschaft (A2) wäre dann

$$n = b_j = a_j + j, \text{ also}$$

$$a_j = n - j < n.$$

Daher müßte a_j schon unter den $a_0, \ldots, a_{i-1}, b_0, \ldots, b_{i-1}$ vorkommen, im Widerspruch zu (B1).

Damit ist dieser Hilfssatz endlich bewiesen. □

Damit können wir nun unser Versprechen wahr machen, indem wir zeigen, daß die Schlüsselkombinationen wirklich 'sichere' Gewinnkombinationen sind.

Satz. (a) *Hinterläßt der Spieler* A *seinem Gegenüber* B *eine Schlüsselkombination, so muß* B *in seinem darauffolgenden Zug zwangsläufig eine Kombination herstellen, die keine Schlüsselkombination ist.*

(b) *Findet A eine Kombination vor, die keine Schlüsselkombination ist, so kann er in seinem darauffolgenden Zug eine Schlüsselkombination herstellen.*

Beweis. (a) Sei (a_i, b_i) die Schlüsselkombination, die A seinem Gegenüber hinterläßt. Nimmt B nur von einem Haufen Steine weg, so kommt er auf eine Kombination (a_i, x) oder (y, b_i). Nach (B1) ist a_i bzw. b_i aber nur in *einer* Schlüsselkombination als Element enthalten.

Nimmt B hingegen von beiden Haufen Steine weg, so kommt er in eine Kombination $(a_i - x, b_i - x)$. Die Differenz $b_i - a_i$ $(= (b_i - x) - (a_i - x))$ taucht jedoch nach (B2) nur in einer Schlüsselkombination auf, nämlich in (a_i, b_i).

In jedem Fall landet B also in einer Kombination, die keine Schlüsselkombination ist.

(b) A möge die Kombination (p,q) vorfinden, die keine Schlüsselkombination ist. Ohne Einschränkung sei $p \leqq q$.

Ist $p = q$, so kann A die ideale Schlüsselkombination $(0,0)$ direkt erreichen und gewinnt damit sofort.

Sei also $p<q$. Mit (p,p') bezeichnen wir *die* Schlüsselkombination, in der p vorkommt. (Da (p,q) keine Schlüsselkombination ist, gilt $p' \neq q$.)

1. Fall: $p' < q$

Dann nimmt A von dem Haufen mit q Steinen genau $q - p'$ Steine weg und erzielt damit die Schlüsselkombination (p,p').

2. Fall: $q < p'$

Dann ist auch $q - p < p' - p$. Sei nun (a_j, b_j) *diejenige* Schlüsselkombination, bei der die Differenz $b_j - a_j$ gleich $q - p$ ist. Da die Differenz $p' - p$ in der Schlüsselkombination (p, p') größer als $q - p = b_j - a_j$ ist, ergibt sich wegen (B3) die Aussage $a_j < p$.

In diesem Fall kann A also vom Haufen mit q Steinen genau $q - b_j$ und vom Haufen mit p Steinen $p - a_j$ $(= q - b_j)$ Steine gemäß der zweiten Regel wegnehmen und erreicht die Schlüsselkombination (a_j, b_j).□

Mit diesem Satz sind die Schlüsselkombinationen als **sichere** (Gewinn-) **Kombinationen** erkannt, die demjenigen Spieler, der als erster eine solche sichere Kombination erreicht, den Erfolg garantieren, sofern er von da an keinen Fehler mehr macht. Wenn beide Spieler die sicheren Kombinationen kennen, entscheidet also schon die anfängliche Zahl der Steine auf jedem Haufen über den Gewinn. Da es viel mehr unsichere als sichere Kombinationen gibt, gewinnt im allgemeinen der Spieler, der den ersten Zug hat.

Was hat das alles aber mit dem goldenen Schnitt zu tun? Die Antwort auf diese berechtigte Frage gibt der folgende Satz.

Satz. *Die sichere Kombination* (a_i, b_i) *läßt sich explizit berechnen. Es gilt folgende Formel:*

$$a_i = \lfloor i\phi \rfloor \text{ und } b_i = \lfloor i\phi^2 \rfloor \text{ für alle } i \in \mathbb{N}_0.$$

Dabei bezeichnen wir mit $\lfloor x \rfloor$ *die größte ganze Zahl, die kleiner oder gleich* x *ist.*

Zum Beweis dieses Satzes benötigen wir den folgenden, auch an sich interessanten Hilfssatz.

Hilfssatz. *Seien* x *und* y *reelle, nichtrationale Zahlen mit* $x, y > 1$. *Gilt*

$$1/x + 1/y = 1,$$

so kommt in den Folgen

$$\lfloor x \rfloor, \lfloor 2x \rfloor, \lfloor 3x \rfloor, \ldots \text{ und } \lfloor y \rfloor, \lfloor 2y \rfloor, \lfloor 3y \rfloor, \ldots$$

***zusammen** jede natürliche Zahl genau einmal vor.*

Beweis. Wir geben uns eine beliebige natürliche Zahl n vor.

1. Schritt. Die Anzahl der Folgenglieder in der ersten (bzw. zweiten) Folge, die kleiner als n sind, ist

$$\lfloor n/x \rfloor \text{ (bzw. } \lfloor n/y \rfloor).$$

Denn: Da x irrational ist, ist auch n/x irrational; insbesondere ist n/x keine ganze Zahl. Daher ist

$$\lfloor n/x \rfloor < n/x.$$

Daraus ergibt sich

$$\lfloor n/x \rfloor \cdot x < n, \text{ also } \lfloor \lfloor n/x \rfloor \cdot x \rfloor < n.$$

Mit anderen Worten: All die Folgenglieder

$$\lfloor 1 \cdot x \rfloor, \ldots, \lfloor \lfloor n/x \rfloor \cdot x \rfloor$$

sind kleiner als n; das sind aber genau $\lfloor n/x \rfloor$ Folgenglieder.

Andererseits folgt nach Definition von $\lfloor n/x \rfloor$, daß

$$\lfloor n/x \rfloor + 1 \geqq n/x$$

ist. Daher ist auch

$$(\lfloor n/x \rfloor + 1)\cdot x \geqq n.$$

Das bedeutet, daß das $(\lfloor n/x \rfloor + 1)$-te Folgenglied der ersten Folge mindestens so groß wie n ist.

2. Schritt. Die Anzahl der Glieder beider Folgen (zusammen), die kleiner als n sind, ist genau $n-1$.

Dies ergibt sich wie folgt: Wegen $1/x + 1/y = 1$ ist $n/x + n/y = n$. Daraus erhalten wir

$$\lfloor n/x \rfloor + \lfloor n/y \rfloor \leqq \lfloor n/x + n/y \rfloor = \lfloor n \rfloor = n.$$

Da x und y irrational sind, sind weder n/x noch n/y ganzzahlig. Also muß

$$\lfloor n/x \rfloor + \lfloor n/y \rfloor < n$$

gelten. Das heißt

$$\lfloor n/x \rfloor + \lfloor n/y \rfloor \leqq n-1.$$

Andererseits ist stets

$$n = \lfloor n/x + n/y \rfloor \leqq \lfloor n/x \rfloor + \lfloor n/y \rfloor + 1;$$

zusammen folgt

$$\lfloor n/x \rfloor + \lfloor n/y \rfloor = n-1.$$

Die Behauptung ergibt sich nun, indem man Schritt 1 anwendet.

In einem *3. Schritt* beweisen wir nun die eigentliche Behauptung des Hilfssatzes. Mit dem 2. Schritt ergibt sich sukzessive:

– Die Anzahl der Folgenglieder beider Folgen, die kleiner als 2 sind, ist 1; wir folgern daraus, daß die Zahl 1 genau einmal vorkommt.

– Da die Anzahl der Folgenglieder, die kleiner als 3 sind, gleich 2 ist, und da die Zahl 1 nur einmal vorkommt, taucht auch die Zahl 2 genau einmal auf.

– Und so weiter.□

Nun können wir auch den obigen Satz beweisen.

Wir definieren die Zahlen x und y durch

$$1/x + 1/y = 1 \text{ und } y = x + 1.$$

Multipliziert man die erste Gleichung mit $x \cdot y$, so erhält man $y + x = xy$. Damit folgt $x(x+1) = xy = y + x = x + 1 + x$. Also $x + 1 = x^2$, das heißt $x = \phi$ und $y = \phi + 1 = \phi^2$.

Insbesondere ist also sowohl x als auch y irrational. Nach dem soeben bewiesenen Hilfssatz kommt also in den Folgen

$$\lfloor i\phi \rfloor, \lfloor i\phi^2 \rfloor \text{ (wobei } i \text{ alle natürlichen Zahlen durchläuft)}$$

zusammen jede natürliche Zahl genau einmal vor. Mit anderen Worten: Für die Paare $(\lfloor i\phi \rfloor, \lfloor i\phi^2 \rfloor)$ gilt die Bedingung (B1).

Da $\lfloor 0 \cdot \phi \rfloor = 0$ und $\lfloor 0 \cdot \phi^2 \rfloor = 0$ ist, gilt auch (B0).

Wir weisen nun noch (B2) und (B3) nach: Zunächst rechnen wir die Differenz der Elemente eines Paares aus:

$$\lfloor i\phi^2 \rfloor - \lfloor i\phi \rfloor = \lfloor i\phi + i \rfloor - \lfloor i\phi \rfloor = \lfloor i\phi \rfloor + i - \lfloor i\phi \rfloor = i.$$

Somit gilt (B2), und die Differenzen wachsen streng monoton.

Schließlich wachsen auch die $\lfloor i\phi \rfloor$ streng monoton; es ist nämlich

$$\lfloor (i+1)\phi \rfloor = \lfloor i\phi + \phi \rfloor \geqq \lfloor i\phi \rfloor + \lfloor \phi \rfloor > \lfloor i\phi \rfloor.$$

Somit gilt auch (B4).

Damit ist die Folge $\lfloor i\phi \rfloor, \lfloor i\phi^2 \rfloor$ tatsächlich die Folge der sicheren Gewinnkombinationen, wie wir im Satz auch behauptet hatten.□

Zurückblickend kann man feststellen, daß auch bei dem Spiel von Wythoff das Auftreten des goldenen Schnittes einerseits völlig unerwartet ist; andererseits ermöglicht der goldene Schnitt uns, die Gewinnkombinationen bequem auszurechnen.

Übungsaufgaben

Die ersten vier Aufgaben beziehen sich auf das Spiel "In die Wüste".

1. Wie kommt man mit der angegebenen Ausgangsstellung von 8 Figuren in die dritte Reihe?

2. Wie müssen 20 Figuren aufgestellt werden, damit man mit ihnen in die vierte Reihe kommt?
[*Hinweis*: Eine Möglichkeit, an diese Aufgabe heranzugehen, ist es, zu versuchen, mit den 20 Figuren nach einigen Zügen auf die aus der ersten Aufgabe bekannte Ausgangsstellung zu kommen, allerdings eine Reihe weiter oben.]

Diese zweite Aufgabe ist schon recht knifflig. Anschließend nun noch zwei weitere ausgesprochen schwierige Aufgaben. Für die Aufgabe **8.3**(b) ist auch uns die exakte Lösung nicht bekannt.

3. Analysiert man das Problem, wie man in die vierte Reihe kommt, so, wie wir das für die fünfte Reihe gemacht haben, so kann man zeigen, daß man mit 18 Figuren sicher nicht in die vierte Reihe kommen kann. Hingegen gibt es 84 Ausgangsstellungen mit 19 Figuren, die die Stärke 1 haben.

(a) Geben Sie eine dieser Ausgangsstellungen mit 19 Figuren an!

(b) Kann man mit 19 Figuren in die vierte Reihe kommen?

4. Verallgemeinern Sie das Wüstenspiel, indem Sie eine dreidimensionale Wüste (bzw. ein dreidimensionales Spielfeld) betrachten. (Die Figuren dürfen dann nur parallel zu den Koordinatenachsen springen).

(a) Überlegen Sie sich, daß man nicht in die achte Ebene vordringen kann.

(b) Kommt man in die fünfte, sechste oder siebente Ebene ?

5. Zeigen Sie elementar, daß beim Spiel von Wythoff (3,5) und (4,7) Schlüsselkombinationen sind. Wie heißt die nächste Schlüsselkombination?

Kapitel 9. Der goldene Schnitt in der Natur

Das Auftreten des goldenen Schnittes bzw. der Fibonacci-Zahlen in der pflanzlichen Natur wurde von vielen Forschern außerordentlich intensiv und ernsthaft untersucht. In diesem Kapitel werden wir darüber berichten und dabei einige erstaunliche Einblicke in das Wachstumsverhalten von Pflanzen erhalten.

Demgegenüber können wir die Suche nach goldenen Schnitten am menschlichen Körper heute nur noch unter Schmunzeln zur Kenntnis nehmen. Natürlich sollen Ihnen, liebe Leserin, lieber Leser, diese tiefen Einblicke in das Wesen des Menschen nicht vorenthalten bleiben. Aber: Zuerst die Arbeit, dann das Vergnügen!

9.1 Sonnenblumen

Wenn wir uns den Fruchtstand einer *Sonnenblume* anschauen, so erkennen wir, daß die Kerne in spiralförmigen Linien angeordnet sind. Jeder Kern gehört zu genau einer linksdrehenden und zu genau einer rechtsdrehenden Spirallinie.

Bild 9.1

Wenn wir uns die Mühe machen, alle linksdrehenden Spirallinien zu zählen, so erleben wir eine Überraschung: Diese Anzahlen sind keineswegs beliebige, unvorhersehbare Zahlen, sondern – Fibonacci-Zahlen! Wir zählen zum Beispiel 21, 34, 55, 89, 144 oder 233 Spiralen. Auch als Anzahl der rechtsdrehenden Spirallinien erhalten wir eine Fibonacci-Zahl, allerdings nicht, wie man vorschnell vermuten könnte, die gleiche Fibonacci-Zahl, sondern eine benachbarte. Das Verhältnis der jeweiligen Anzahlen ist also eine hervorragende Annäherung an den goldenen Schnitt.

Bei der Sonnenblume aus Bild 9.1 erkennt man 55 links- und 89 rechtsdrehende Spiralen. Um das Zählen zu erleichtern, wurde jede zehnte Spirale hervorgehoben.

Bei anderen Fruchtständen können auch andere Paare von benachbarten Fibonacci-Zahlen, etwa 89 und 144, auftreten.

9.2 Phyllotaxis

Die Betrachtung der Kerne im Fruchtstand der Sonnenblume zeigt, daß sich hinter der auf den ersten Blick zufällig erscheinenden Anordnung tiefliegende biologische und mathematische Gesetzmäßigkeiten verbergen können.

Die Kernanordnungen bei der Sonnenblume sind ein leuchtendes Beispiel für ein Phänomen, das in der Botanik mit dem Begriff **Phyllotaxis** ("Blattanordnung") bezeichnet wird:

– Bei gewissen Bäumen, etwa bei der *Ulme* und der *Linde*, stehen die Blätter eines Zweiges abwechselnd auf der einen und auf der entgegengesetzten Seite; dies wird **1/2-Phyllotaxis** genannt.

– Bei anderen Bäumen wie *Buche* oder *Haselnuß* kommt man von einem Blatt zum nächsten durch eine schraubenförmige Drehung um ein Drittel einer Volldrehung. Hier spricht man von **1/3-Phyllotaxis**.

– in entsprechender Weise zeigen *Aprikosen*, *Apfelbäume* und *Eichen* **2/5-Phyllotaxis**,

– *Pappel* und *Birnbaum* **3/8-Phyllotaxis**,

– *Weide* und *Mandelbaum* **5/13-Phyllotaxis**, usw.

Bei genauem Hinsehen erkennt man, daß die hier auftretenden Brüche aus *Fibonacci-Zahlen* bestehen. Wenn wir noch berücksichtigen, daß eine Drehung um 3/8 im Uhrzeigersinn gleich einer Drehung um 5/8 gegen den Uhrzeigersinn ist, so erhalten wir sogar Brüche aus *benachbarten* Fibonacci-Zahlen, die (wie wir ja wissen) sehr gute Annäherungen an den goldenen Schnitt bilden. Für den Botaniker ist dabei interessant, daß alle diese Brüche in einem Bereich liegen, der den Blättern eine große Menge an Licht und Frischluft sichert.

9.3 Ananas und Tannenzapfen

Auch bei der Anordnung der Schuppen bei *Tannenzapfen* und bei der Anordnung der Außenzellen ("Schuppen") der *Ananas* treten Fibonacci-Zahlen auf. Betrachten wir die folgende Ananas, so sehen wir, daß ihre *sechseckigen Außenzellen* in verschiedenen spiralförmigen Linien angeordnet sind.

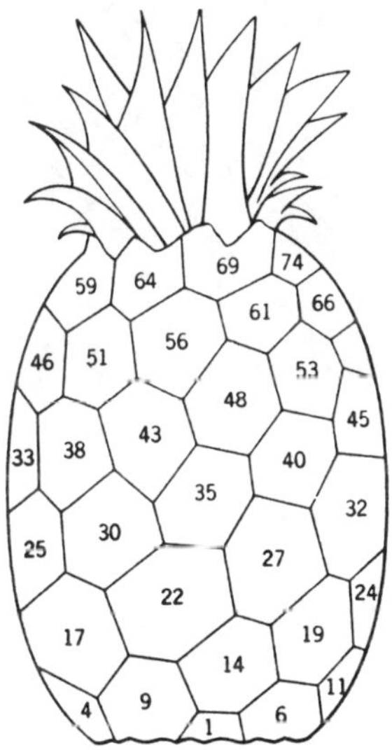

Bild 9.2

- 5 parallele Linien steigen langsam nach rechts an
- 8 Linien steigen nach links etwas stärker an
- 13 Linien steigen nach rechts steil hoch (hier muß man schon etwas genauer hinschauen).

Die Zellen der Ananas wurden im Bild ferner ihrer Höhe nach durchnumeriert. Dadurch ergeben sich dann entsprechende Zahlenfolgen, hier etwa 1, 6, 11, 16, 21, ...

Um ein mathematisches Modell der Schuppenanordnung auf einer Ananas zu erhalten, stellen wir uns ihre Oberfläche als Zylinder vor, den wir entlang einer vertikalen Linie aufschneiden und auf einer Ebene abrollen. Es ergibt sich dann Bild 9.3.

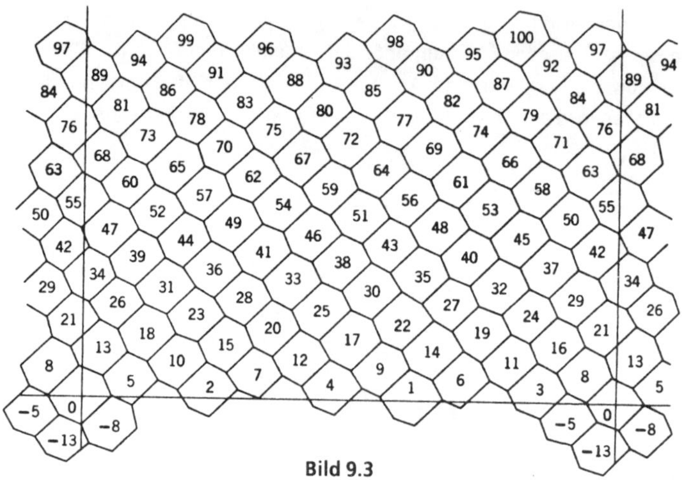

Bild 9.3

Sei h die Höhe des Mittelpunktes der untersten Zelle. Dann bilden die Mittelpunkte der Sechsecke ein "Gitter". Die Koordinaten der Gitterpunkte sind (1,0) und (ϕ^{-1}, h) (siehe Bild 9.4).

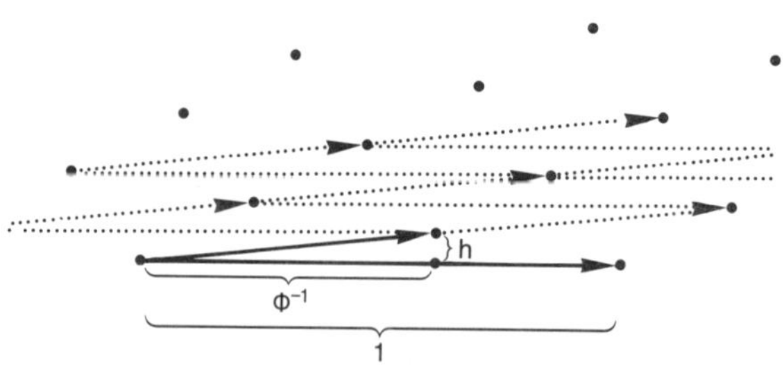

Bild 9.4

Wir sehen, daß der goldene Schnitt beim mathematischen Modell der Ananas eine wichtige Rolle spielt. Insbesondere gilt: Um von einer Zelle zur nächsthöheren zu kommen, müssen wir den Ananasumfang im goldenen Schnitt teilen, uns um diesen Wert um die Ananas herumbewegen, und dann um h nach oben gehen.

Hier wird die Verwandtschaft zur Phyllotaxis bei der Anordnung von Blättern besonders deutlich: Auch dort mußten wir uns um einen bestimmten Winkel, der eine Annäherung an den goldenen Schnitt war, um den Zweig herumbewegen, um zum nächsthöheren Blatt zu kommen.

Das Interessante an unserem Ananas-Modell ist nun, daß wir durch jeweils verschiedene Wahl der Höhe h auch verschiedene Ananas-Formen simulieren können (etwa dünne hohe oder kleine dicke). Es läßt sich zeigen, daß mit wachsendem bzw. kleiner werdendem h die Nachbarzellen der 0-ten Zelle (in unserem Falle die Zellen 5, 8 und 13) wechseln. Die Nachbarn bleiben aber immer drei aufeinanderfolgende Fibonacci-Zahlen. Anders ausgedrückt: Die Anzahlen paralleler Reihen bei den Außenzellen sind immer drei aufeinanderfolgende Fibonacci-Zahlen.

In Bild 9.5 sind um unsere Ananas herum zwei weitere Ananasmodelle gruppiert, die gerade die Übergangssituation darstellen.

Bild 9.5

Im Modell links schiebt sich bei kleiner werdendem h (also bei dicker werdender Ananas) die 3 als neuer Nachbar von links an die 0, während die 13 nach oben weggedrängt wird.

Im Modell rechts kommt hingegen bei größer werdendem h die 21 von oben an die 0 heran, während die 5 nach rechts weggeschoben wird.

*

Ein *Tannenzapfen* kann mathematisch mit einem ähnlichen Modell beschrieben werden. Es muß lediglich der Zylinder durch einen Kegel (entsprechend der Form des Zapfens) ersetzt werden.

*

Blatt- und Schuppenanordnungen wie bei der Ananas, dem Tannenzapfen oder bei den anderen geschilderten Beispielen geben faszinierende Einblicke in die Rätsel der Natur. Allerdings sind nicht alle Regularitäten einer jeden Pflanzenart durch den goldenen Schnitt zu erklären. Daher kann die Phyllotaxis, wie wir sie beschrieben haben, zwar als ein zauberhaftes Schauspiel der Pflanzenwelt angesehen, darf aber nicht als ein jeder Pflanzenart innewohnendes Naturgesetz mißinterpretiert werden.

9.4 Fünfecksformen

Neben seinem Auftreten im Zusammenhang mit Blatt- und Kernanordnungen erscheint der goldene Schnitt in der Natur natürlich auch da, wo Blüten oder Blätter die Form eines regelmäßigen Fünfecks bilden. Die Form des regelmäßigen Fünfecks bzw. eines Sternfünfecks (Pentagramms) ist in der Pflanzenwelt recht weit verbreitet, so etwa bei den Blüten von *Akelei*, *Glockenblume* und *Heckenrose*.

Bild 9.6

In Kapitel 2 haben wir gesehen, daß der goldene Schnitt mit solchen Fünfecksformen sehr eng verbunden ist. Wenn wir zum Beispiel die Entfernung von einer Blattspitze zu einer schräg gegenüberliegenden Blattspitze mit der Entfernung zwischen zwei benachbarten Blattspitzen vergleichen, so erhalten wir genau ein goldenes Verhältnis.

Ähnliches gilt übrigens auch für den Seestern im Tierreich.

9.5 Blätter und Zweige

Von vielen begeisterten Anhängern des goldenen Schnitts wurden eine Fülle von Messungen an Pflanzen vorgenommen, vielleicht auch, um mit seiner Hilfe die Geheimnisse der Natur zu ergründen. So vermaß Rudolf ENGELHARDT um 1919 die Breite und Höhe von "normalen" (!) Eichenblättern. Für seine Untersuchungen zog er 500 Blätter von über 60 verschiedenen Eichenbäumen in Betracht und erhielt die folgenden Ergebnisse:

- Bei 235 Blättern entsprach das Verhältnis zwischen Höhe und Breite genau dem goldenen Schnitt,
- 93 Blätter zeigten Abweichungen von 1 mm,
- 92 zeigten Abweichungen von 2 mm,
- und nur 80 Blätter zeigten Abweichungen von mindestens 3 mm.

Zufall oder Naturgesetz? – Der Mathematiker H. TIMERDING gibt in seinem 1919 erschienenen Buch über den goldenen Schnitt zu solchen Messungen kritisch zu bedenken, *daß ein gewisser Spielraum bleibt in der Auswahl der Abstände, die man mißt, und daß man suchen wird, die Messung so auszuwählen, wie sie das gewünschte Verhältnis liefert.*

In der Geschichte des goldenen Schnittes gibt es viele Fälle, in denen Messungen von Blättern, Blumen oder Zweigen einerseits Hinweise auf sein häufiges Vorkommen in der Natur andeuten, in denen aber andererseits auch oft der Eindruck entsteht, daß der Wunsch der Vater des Ergebnisses war.

Der Naturforscher F. X. PFEIFER hat in seinem um 1885 erschienenen Buch "Der Goldene Schnitt und dessen Erscheinungsformen in Mathematik, Natur und Kunst" in unermüdlicher Kleinarbeit eine Vielzahl solcher Messungen an Pflanzen unternommen und zusammengestellt. Eine Haupterkenntnis sei hier in der Originalformulierung zitiert:

Wenn bei einer Blattform die Fiederung erstens ununterbrochen, zweitens stetig zu- oder abnehmend und drittens mehrfach ist, so ist das Vorkommen des goldenen Schnittes so frequent, dass man z.B. bezüglich der Umbelliferen, in welcher Familie sehr viele Arten sind, deren Blätter die oben angegebenen Bedingungen erfüllen, viele Millionen gegen Eins darauf wetten könnte, dass bei der überwiegenden Mehrzahl solcher Blätter jene Proportion, resp. das Verhältnis M : m *mit zureichender Annäherung an Exaktheit vorkommen müsse und zwar bei den meisten Exemplaren sogar mehrmal.*

9.6 Menschliches, Allzumenschliches

Gegen Ende des 19. Jahrhunderts vertraten viele Autoren die Ansicht, der goldene Schnitt sei ein göttliches, universelles Naturgesetz. Sie kamen dann oft zu der dann natürlichen Vermutung, auch der Mensch sei als Ebenbild Gottes nach diesem Grundprinzip gestaltet.

Adolph ZEISING hat dies wohl am entschiedensten verfochten. Er wird nicht müde, dies in enthusiastischen Formulierungen zu beschwören. So ist er etwa der Überzeugung, daß im goldenen Schnitt

überhaupt das Grundprinzip aller nach Schönheit und Totalität drängenden Gestaltung im Reich der Natur wie im Gebiet der Kunst enthalten ist und daß es von Uranfang an allen Formbildungen und formellen Verhältnissen, den kosmischen wie den individualisierenden, den organischen wie den anorganischen, den akustischen wie den optischen, als höchstes Ziel und Ideal vorgeschwebt, jedoch erst in der Menschengestalt seine vollkommenste Realisation erfahren hat.

Zeisings Untersuchungen sind der Ursprung einer Reihe von Sammlungen über "goldene" Maßverhältnisse am menschlichen Körper, wie sie etwa in der Abbildung aus NEUFERTs **Bauentwurfslehre** (siehe Bild 9.7) zusammengefaßt dargestellt sind (dabei bezeichnet M den Major und m den Minor).

Einige Ergebnisse sind dabei doch recht bemerkenswert. So sollen etwa sowohl der Bauchnabel wie auch die Fingerspitzen der herunterhängenden Hand die Gesamtkörperhöhe im goldenen Schnitt teilen (einmal mit Major oben und Minor unten und einmal umgekehrt). Der/die Leser/in, der/die jetzt in Versuchung gerät,

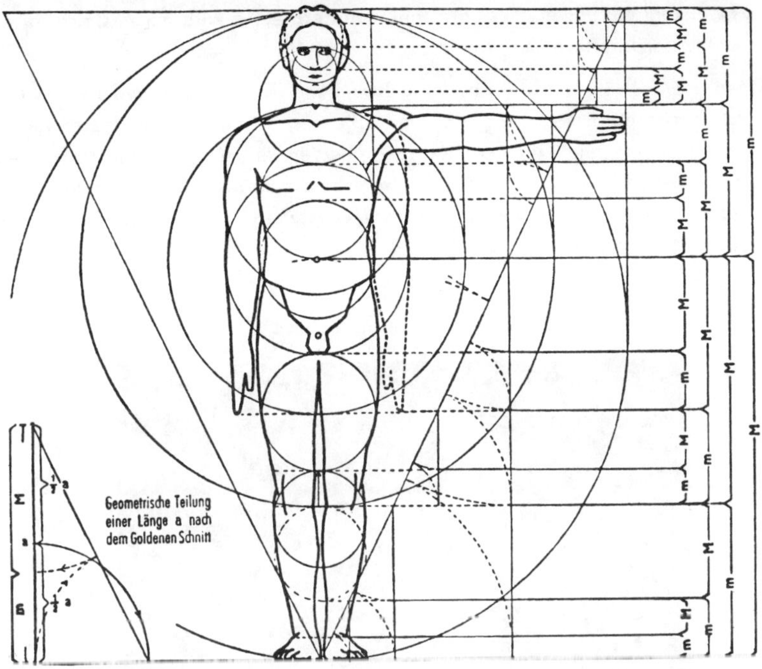

Bild 9.7

an sich selbst (und anderen) forschend und messend tätig zu werden, wird bestimmt manche Überraschung erleben (siehe Übungsaufgabe 9.2).

Je mehr die Untersuchungen aber kleinere Teile betreffen, desto fragwürdiger werden die Ergebnisse. Betrachtet man Aussagen wie etwa

- *die Brauen teilen die Strecke zwischen Haaransatz und Kinn im goldenen Schnitt*, oder
- *oberes und unteres Fingerglied stehen im Verhältnis des goldenen Schnittes,*

so wird deutlich, daß die Autoren hier über das Ziel hinausgeschossen sind. Wenn in bestimmte Abstände, deren Endpunkte nicht eindeutig definiert werden können und die zudem von Individuum zu Individuum vergleichsweise stark schwanken, ein universelles Prinzip hineininterpretiert wird, so entspricht dies nicht wissenschaftlichem Vorgehen.

Martin GARDNER berichtet über ein Extrembeispiel: Der Amerikaner Frank A. *Lonc* durfte bei 65 Frauen die Körpergröße und die Höhe ihres Bauchnabels messen. Er berechnete die Verhältnisse der beiden Längen und bekam stets eine Zahl "nahe bei" 1,618 heraus. Lonc war so beeindruckt von seinen Entdeckungen und Messungen, daß er diese Zahl als **Loncsche Relativitätskonstante** in die Wissenschaft eingeführt haben wollte.

*

Bild 9.8

Die Untersuchungen und Tabellen mit goldenen Proportionen an der menschlichen Gestalt wurden jedoch für einige praktische oder künstlerische Bereiche nutzbringend angewendet. Der berühmte Architekt **Le Corbusier** (vergleiche Kapitel 10) nutzte sie für sein Maßwerkzeug "Modulor"; aber sie können auch einem Maler, der eine Gestalt darstellen will, bei der Bestimmung und Festlegung der Maßverhältnisse als Hilfsmittel dienen.

Besonders Personen, die die Malerei erst erlernen, können durch dieses Hilfsmittel vor "Mißgriffen" bewahrt werden, denn ein gemäß dem goldenen Schnitt gezeichnetes Bild macht, wie TIMERDING betont, *einen natürlichen und richtigen Eindruck*.

*

Ein Beispiel für eine ästhetisch überzeugende Plastik ist der **Apollon von Belvedere** im Vatikan (Bild 9.8).

HAGENMAIER schreibt dazu:

> *Alle Abmessungen dieser herrlichen, harmonischen, das griechische Schönheitsideal verkörpernden Plastik ergeben sich, wie die Abbildung zeigt, zwanglos aus der Regel der 'stetigen Teilung'.*

Mit **stetiger Teilung** bezeichnet er dabei die Teilung nach dem goldenen Schnitt.

9.7 Die wohlproportionierte Schuhsohle

Die "goldenen Proportionen" des Menschen beeinflußten aber auch ganz andere Gebiete der Praxis, wie z.B. die industrielle Fußleistenherstellung. In seinem Buch "Die hohe Schule der Modell- und Schaftherstellung" weist HÄSSELBARTH an einem 240 mm langen Fußskelett den goldenen Schnitt unzählige Male nach und überträgt seine Erkenntnisse auf die Leistenkonstruktion.

Bild 9.9 zeigt den von ihm entwickelten Leisten.

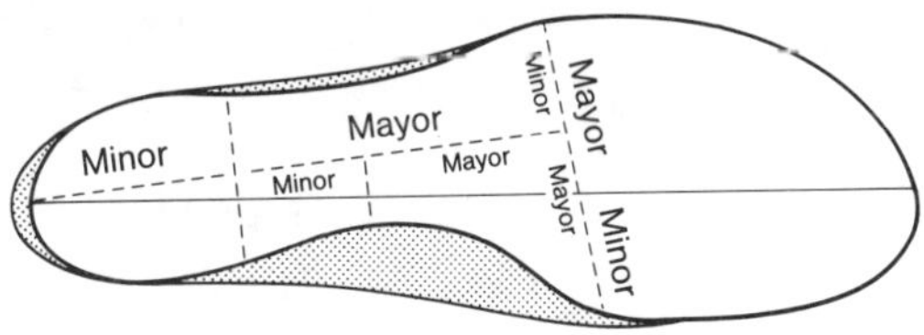

Bild 9.9

Auf diesem Grundmodell aufbauend wurden in der Folgezeit viele Leisten und Brandsohlenschablonen entwickelt.

Übungsaufgaben

1. Machen Sie einen Spaziergang und betrachten Sie die Formen und Anordnungen bei Blättern, Blumen und Zweigen. Zählen Sie die Spiralen bei Sonnenblumen und Tannenzapfen.

2. Stellen Sie mindestens fünf goldene Schnitte an einem menschlichen Körper (Ihrer Wahl) fest.

3. Wo taucht auf folgendem Bild der goldene Schnitt auf?

Bild 9.10

Kapitel 10. Kunst, Poesie, Musik, Witz, Übermuth, Thorheit und Wahnsinn

Die Frage nach der richtigen Proportion (oder den richtigen Proportionen) ist eine der Grundfragen der Kunst. Diese Frage stellt sich sowohl dem praktisch ausübenden Künstler als auch dem Kunstanalytiker, der die Wirkung eines Kunstwerks zu erklären versucht.

Viele sahen und sehen den goldenen Schnitt als *die* richtige Proportion. In der Tat wird sogar die Teilung im goldenen Schnitt vielen Adepten als "Schönheitsrezept" empfohlen. Noch interessanter ist aber die Tatsache, daß sich der goldene Schnitt in vielen bedeutenden Kunstwerken findet. In diesem Kapitel werden wir einige dieser Entdeckungen vorstellen. Unserer Meinung nach sind einige Entdecker in ihrer Erregtheit etwas über das Ziel hinausgeschossen und glaubten, goldene Schnitte an Stellen gesehen zu haben, wo ein ungetrübtes Auge nichts Besonderes zu entdecken vermag.

Auf ein in seiner Art durchaus eindrückliches Manifest sei in diesem Zusammenhang hingewiesen. György DOCZY behauptet in seinem Buch *Die Kraft der Grenzen*, den goldenen Schnitt an so verschiedenen Objekten wie Zedernrindenhütten der Frauen der Makah-Indianer, ostpreussischen Teppichen, Rautenmustern mexikanischer Webstühle, attischen Amphoren, mexikanischen Pyramiden, tibetanischen Buddhafiguren, japanischen Pagoden, der Boeing 747 und am Sarsenkreis von Stonehenge geschaut zu haben.

Am Ende dieses Kapitels werden wir die Bedeutung des goldenen Schnitts in der Kunst diskutieren; vorerst sollen aber die Beispiele für sich sprechen.

Nur eine Bemerkung sei uns hier schon gestattet. Unser Ziel ist es *nicht*, neue Gerüchte in die Welt zu setzen. Wir beschränken uns darauf, Kunstwerke vorzustellen, von denen bereits behauptet wurde, daß in ihnen der goldene Schnitt in Erscheinung trete. Völlig abstruse Behauptungen übergehen wir in der Regel stillschweigend.

10.1 Architektur

Die **Cheopspyramide**, auch **große Pyramide von Giseh** genannt, wurde vor mehr als 6000 Jahren erbaut. Sie ist ein Ausdruck der damaligen hochstehenden Kultur der Ägypter. Ihre nahezu exakte Ausrichtung nach den vier Himmelsrichtungen und die mehrfache Wiederholung bestimmter Größenverhältnisse in ihrem Aufbau lassen darauf schließen, daß sie nach vorher kalkulierten geometrischen Prinzipien gebaut wurde.

Bild 10.1

Die Frage ist nur, welches diese Prinzipien waren. Diese Frage wurde zeitweise leidenschaftlich diskutiert. Sowohl die Zahl π als auch der goldene Schnitt wurden mehrfach als des Rätsels Lösung vorgeschlagen.

Wir gehen hier auf einen Vorschlag ein, der von J. TAYLOR 1859 in die Debatte geworfen wurde. Seiner Theorie liegt eine Stelle des römischen Schriftstellers Herodot zugrunde; dieser schreibt, *daß ihm die ägyptischen Priester über die Form der Cheopspyramide die Angaben gemacht hatten, das Quadrat über ihrer Höhe sei einem Seitendreieck flächengleich.*

Mit den Bezeichnungen aus Bild 10.2 bedeutet dies, daß $h^2 = ab$ ist. Mit Hilfe des Satzes von Pythagoras folgt daraus $h^2 = a^2 - b^2$, also

$$(a/b)^2 - a/b - 1 = 0.$$

Damit ergibt sich $a/b = \Phi$.

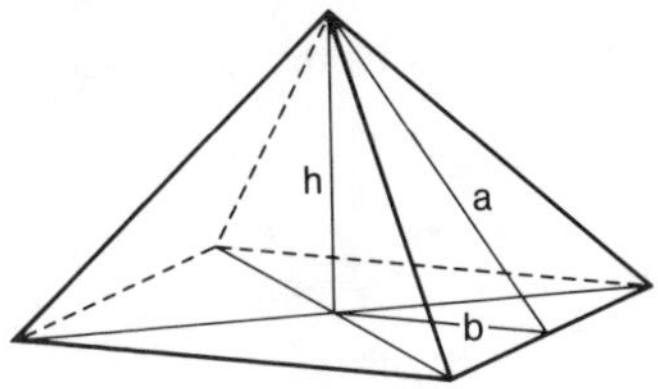

Bild 10.2

Diese Theorie wurde in der Folgezeit oft zitiert. Es gab und gibt aber auch Kritiker. Einer von ihnen ist der kanadische Mathematiker Roger FISCHLER. Wie einst Don Quichotte gegen Windmühlenflügel gekämpft hat, so nimmt R. FISCHLER alle Behauptungen über das Auftreten des goldenen Schnitts außerhalb der Mathematik aufs Korn. Wir werden diesem Fundamentalisten in diesem Kapitel noch öfters begegnen. Sein Einwand gegen die Taylorsche Theorie ist, daß die genannte Textstelle bei Herodot keineswegs eindeutig sei und es außerdem andere, wesentlich bessere Theorien gäbe, die durch Papyrushandschriften und archäologische Funde gestützt würden.

Ein sehr gewichtiger Einwand ist ferner, daß die damalige ägyptische Mathematik nicht sehr weit entwickelt war; insbesondere gibt es keinerlei Beleg dafür, daß der goldene Schnitt den alten Ägyptern bekannt gewesen wäre.

*

Während man also den Theorien über die Verwendung des goldenen Schnitts bei der Konstruktion der Pyramiden mit einiger Skepsis begegnen sollte, sprechen viele Anzeichen dafür, daß der goldene Schnitt in der **griechischen Architektur** eine große Rolle gespielt hat, und zwar schon 150 Jahre vor der schriftlichen, systematischen Behandlung durch EUKLID. Moritz CANTOR schreibt dazu in seinen "Vorlesungen über die Geschichte der Mathematik":

> *Der goldene Schnitt spielte in der griechischen Mathematik der perikleischen Zeit eine nicht zu verkennende Rolle. Das ästhetisch wirksamste Verhältnis, und das ist das stetige, ist in den attischen Bauten aus den Jahren 450 - 430 aufs Schönste verwerthet. Wir können bei solcher Regelmäßigkeit des Auftretens nicht an ein instinktives Zutreffen glauben, am wenigsten, wenn wir*

des eben berührten Zusammenhangs zwischen goldenem Schnitte, regelmässigem Fünfecke und pythagoräischem Lehrsatz gedenken.

Als ein leuchtendes Beispiel sei das **Parthenon** erwähnt, das Perikles in den Jahren 447 - 432 v. Chr. bauen ließ.

Bild 10.3

Die Vorderfront paßt fast exakt in ein goldenes Rechteck. Auch an Kapitell und Gebälk verschiedener klassischer Bauten in Athen findet sich der goldene Schnitt, so zum Beispiel am Pfeilerkapitell des Bogens von Hadrian und an der Giebelecke des Propyläentempels (siehe Bild 10.4).

*

Von den mittelalterlichen Bauten nennen wir die karolingische **Königshalle in Lorsch** (Bergstraße), die um 770 gebaut wurde (vgl. Bild 10.5); der Innenraum ist fast genau ein goldenes Rechteck.

Ein besonders interessantes Beispiel ist der **Dom in Florenz**. Dessen Maße wurden 1367 festgelegt. Sie waren noch für den Baumeister Brunelleschi (1377 - 1446) verbindlich; dieser wich nur im oberen Drittel von den ursprünglich vorgesehenen Maßen ab.

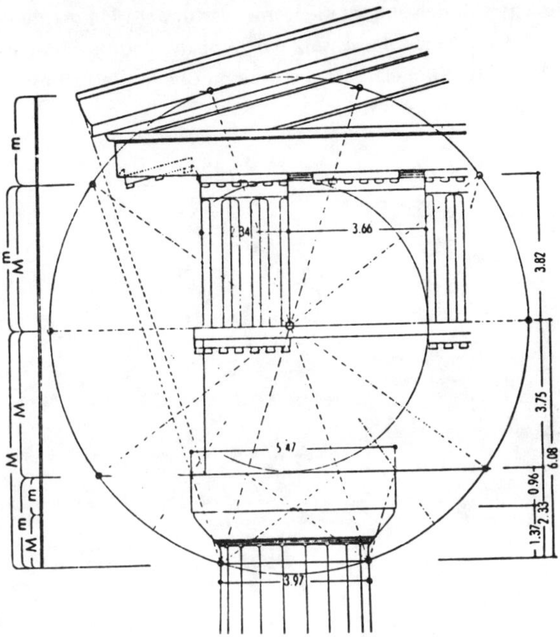

Bild 10.4

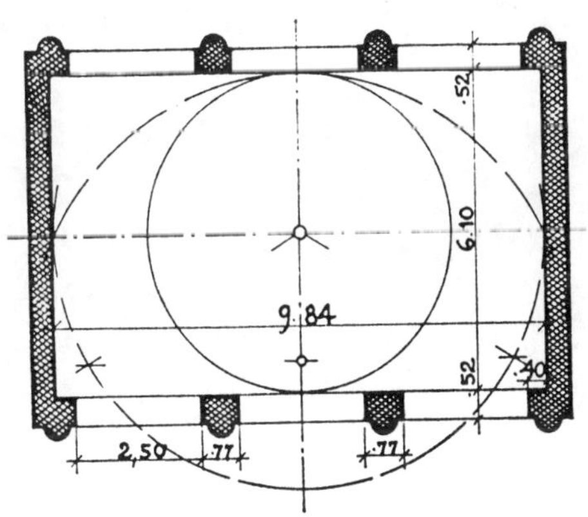

Bild 10.5

Im ursprünglichen Modell beträgt die Höhe der Kuppel 144 florentinische *Bracci* (1 Braccio = 58,4 cm), und der Ansatz der Kuppelwölbung ist genau 89 Bracci hoch. Damit teilt der Kuppelansatz die Gesamthöhe im Verhältnis 89 : 55, also fast genau im goldenen Schnitt.

Bild 10.6

Paul von NAREDI-RAINER schreibt dazu eindrücklich:

Welch große Bedeutung man diesen Maßzahlen beigemessen hat, zeigt in frappanter Weise die für die Weihe des Domes am 25. März 1436 von Guillaume Dufay (1400 - 1474) komponierte Festmotette "Nuper rosarum flores": Dufay, der bedeutendste Musiker seiner Zeit, nimmt im Aufbau dieser Motette vielfach Bezug auf die Architektur und spielt in der Anzahl der den einzelnen Stimmen zugeteilten Töne unverkennbar auf die Fibonacci-Zahlen der Kuppel-Maße an.

*

Eine Blütezeit erlebte der goldene Schnitt in der **Renaissance**. Karl FRECKMANN kommt zu dem Schluß, daß die Baumeister dieser Zeit den goldenen Schnitt vielfach einsetzten. Unter anderem gibt er zwei Schemata an, mit denen eine Reihe von Kuppelbauten konstruiert wurde.

Beim ersten Schema wird der Radius des Umfassungskreises im goldenen Schnitt geteilt. Entweder mit dem Major oder mit dem Minor erhält man dann den Kuppelkreis (Bild 10.7).

Diese Konstruktionsmethode geht vermutlich auf den römischen Zentralbau **San Lorenzo** in Mailand zurück und wird vor allem bei weitgespannten Flachkuppeln verwendet.

Das zweite Schema wurde für den ursprünglichen Entwurf BRAMANTEs für den Grundriß der Peterskirche in Rom verwendet (Bild 10.8).

Das große Quadrat wird in 16 kleine Quadrate geteilt. Der Radius des Inkreises der mittleren vier Quadrate wird im goldenen Schnitt geteilt. Der Major ist dann der Radius des Kuppelkreises.

Auch bei der Fassadengestaltung begann die **Quintur**, d.h. die Konstruktion mit Hilfe von regelmäßigen Fünfecken und dem goldenen Schnitt, einen Siegeszug, so daß sich, wie FRECKMANN wissenschaftlich-vorsichtig schreibt, *in der Periode von 1350 bis 1770 eine gewisse Entwicklung abzeichnet, die auf die vorherrschende Anwendung der 'goldenen' Teilung hinausläuft.*

Bei den bekannten deutschen Domen in Limburg und Köln wird ebenfalls vermutet, daß der goldene Schnitt bei der Konstruktion Verwendung gefunden habe. Allerdings gibt es für diese Bauwerke eine Vielzahl von Theorien, so daß es zweifelhaft ist, ob der goldene Schnitt *das* Bauprinzip ist.

*

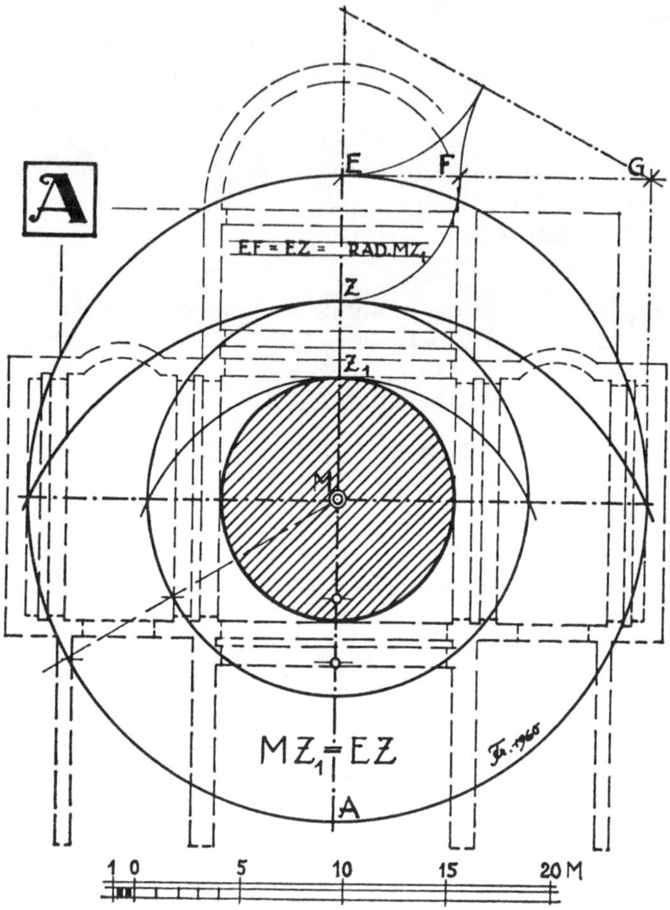

Bild 10.7

Ein ausgesprochener Nachteil all dieser Theorien ist, daß der goldene Schnitt erst post festum gefunden wurde. Es ist keine Äußerung von Architekten, Baumeistern oder Auftraggebern überliefert, die darauf schließen läßt, daß der goldene Schnitt bewußt verwendet wurde. Die große Ausnahme ist der berühmte französische Architekt **Le Corbusier** (d.i. Charles Édouard Jeanneret-Gris, 1887

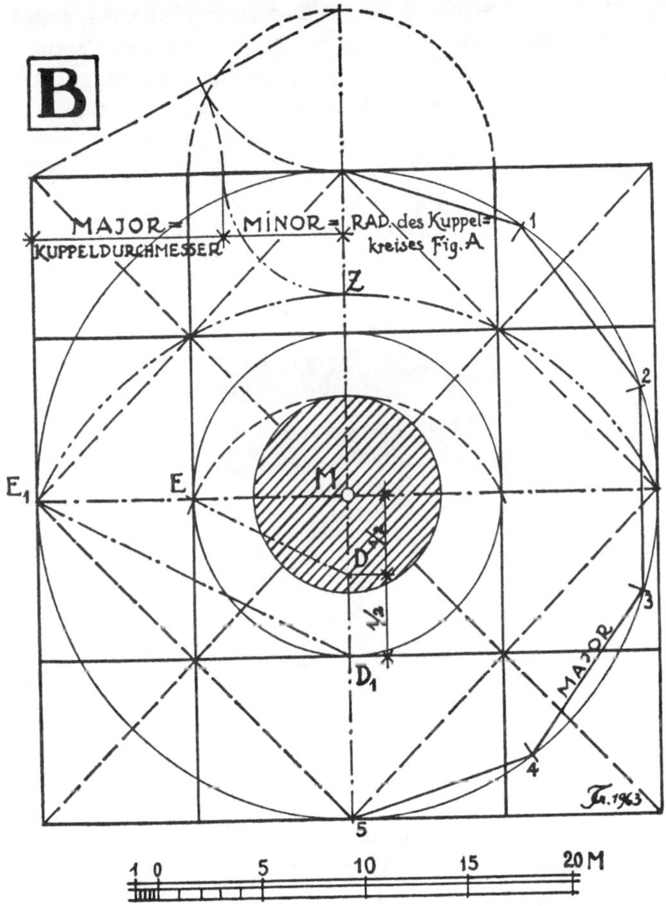

Bild 10.8

- 1965). Sein ganzes Leben lang suchte er *die Proportion*, bzw. ein allgemein anwendbares Maßwerkzeug. Schon früh wurde er von Matila GHYKAs Büchern über die Proportionen in der Natur, der Kunst und über den goldenen Schnitt beeinflußt. Ab Winter 1928 verwendete Le Corbusier den goldenen Schnitt bewußt in seinen Werken. [Le Corbusier behauptete später allerdings, er habe den goldenen Schnitt schon früher bewußt benutzt. Zum "Beweis" scheute er auch nicht vor Fälschungen (eigener Werke) zurück. Zum Beispiel basiert die Konstruktion der Gartenseite der Villa Stein in Garches 1927 vermutlich auf der am unteren Rand der Zeichnung angegebenen einfachen Zahlenfolge 2 - 1 - 2 - 1 - 2.

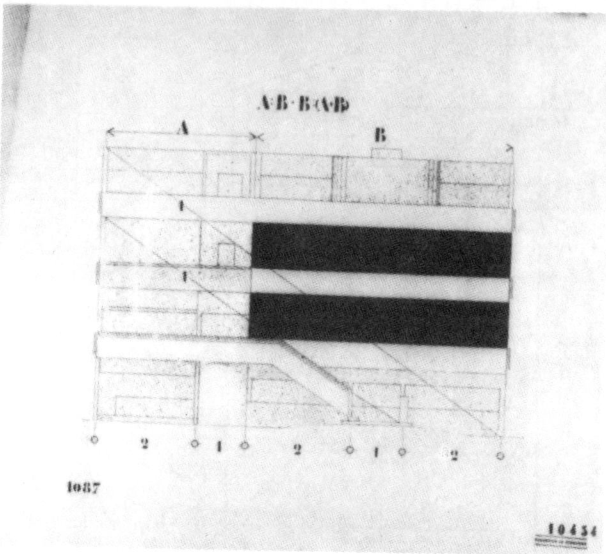

Bild 10.9

Später brachte Le Corbusier die Überschrift "A:B = B:(A + B)" an und suggerierte damit (sich und anderen) daß er 'eigentlich' den goldenen Schnitt verwendet habe.]

Mit Hilfe goldener Proportionen konstruierte Le Corbusier den **Modulor**, ein Maßwerkzeug, welches menschliches Maß und den goldenen Schnitt in Einklang bringt. In des Meisters eigener Formulierung:

Der 'Modulor' ist ein Maßwerkzeug, das von der menschlichen Gestalt und der Mathematik ausgeht. Ein Mensch mit erhobenem Arm liefert die Hauptpunkte der Raumverdrängung - Fuß, Solarplexus, Kopf, Fingerspitze des erhobenen Armes - drei Intervalle, die eine Reihe von goldenen Schnitten ergeben, die man nach Fibonacci benennt. Die Mathematik andererseits bietet sowohl die einfachste wie die stärkste Variationsmöglichkeit eines Wertes: die Einheit, das Doppel, die beiden goldenen Schnitte.

Inspiriert von englischen Kriminalromanen, in denen die "schönen Männer - ein Polizeiwachtmeister zum Beispiel - immer SECHS FUSS groß sind" ging Le Corbusier von einer idealen Körpergröße von sechs Fuß (182,88 cm, aufgerundet 183 cm) aus. Als Höhe des Solarplexus nahm er 113 cm und als Höhe der Fingerspitzen des erhobenen Armes 226 cm an.

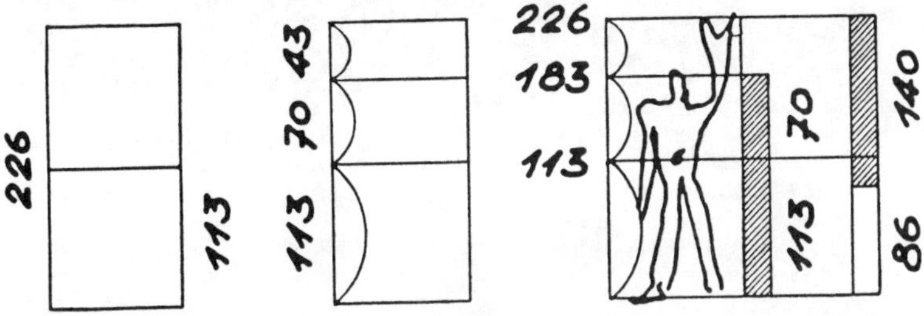

Bild 10.10

Daraus erhielt er zwei Reihen (die den Modulor bilden), bei denen die aufeinanderfolgenden Größen jeweils im Verhältnis des goldenen Schnitts stehen. (Le Corbusier selbst hat die entstehenden Zahlen auf- bzw. abgerundet.)

rote Reihe: 4, 6, 10, 16, 27, 43, 70, **113**, 183, 296, ...

blaue Reihe: 8, 13, 20, 33, 53, 86, 140, **226**, 366, 592, ...

Nach Le Corbusiers Überzeugung hängen die so erhaltenen Zahlen in sehr enger Weise mit der menschlichen Gestalt zusammen.

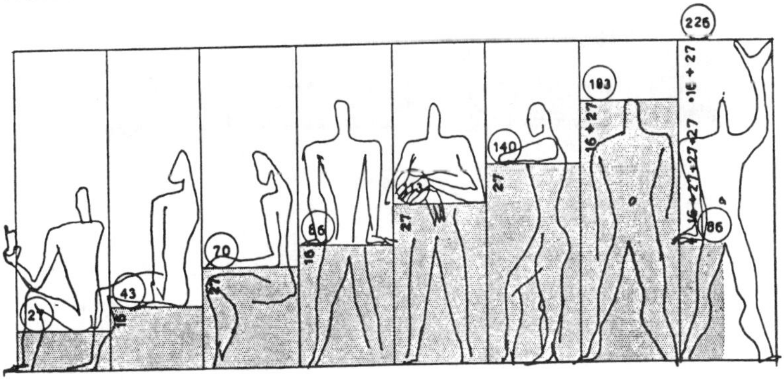

Bild 10.11

Le Corbusier setzte den Modulor zur Konstruktion zahlreicher Bauwerke ein. Als Beispiel sei die **Unité d'Habitation** in Marseille gezeigt.

Bild 10.12

Der Modulor löste lebhaftes Interesse und heftige Diskussionen aus. Unter anderem wurde die 3. Mailänder Triennale 1951 unter das Motto "De divina proportione" gestellt. Der Präsident dieses *primo convegno internazionale su le proporzioni nelli arti*, I.M. Lombardi, nannte den Modulor den *Angelpunkt, um den sich alle Proportionsprobleme der modernen Architektur bewegen*.

Auch wenn sich der Modulor in der Architektur nicht durchgesetzt hat, bleibt dennoch zu bemerken, daß er ein äußerst originelles Proportionssystem ist.

10.2 Bildende Kunst

An vielen Gemälden, Reliefs und Plastiken wurde der goldene Schnitt nachgewiesen bzw. nachgemessen. Seine Funktion ist einerseits, zur harmonischen Aufteilung des gesamten Kunstwerks beizutragen; zum anderen dient er dazu, wichtige Details besonders zu betonen.

Teilt man die Seiten eines Rechtecks im goldenen Schnitt (und zwar jeweils zweimal – einmal mit dem Major links bzw. oben, das andere mal mit dem Major rechts bzw. unten), so erhält man vier spezielle Geraden und vier besondere Punkte. Diese Linien bzw. Punkte sind häufig ein Anhaltspunkt für eine ausgewogene Gliederung eines Bildes.

Zum Beispiel ist das Relief **Dionysische Prozession** aus der Villa Albani in Rom mittels dieser Geraden strukturiert.

Bild 10.13

In ähnlicher Weise kann auch der Bildrahmen golden proportioniert sein. Dies ist beispielsweise bei **Roger van der Weydens** (um 1400 - 1464) früher Altartafel mit dem Titel **Kreuzabnahme** der Fall.

Bild 10.14

Die beiden seitlichen Kanten des oben "aufgesetzten" Vierecks bilden nämlich die goldenen Schnitte der Tafelbreite.

Bei dem Kupferstich **Adam und Eva** (Bild 10.15), den **Raimondi** nach **Raffael** (1483 - 1520) anfertigte, wird die Aufmerksamkeit der Betrachterin unwiderstehlich auf die verbotenen Früchte gelenkt. Das könnte – neben der Attraktivität des Verbotenen – auch daran liegen, daß sich diese Früchte genau auf der Linie befinden, die die Höhe des Bildes im goldenen Schnitt teilt.

Bei der Betrachtung der **Galatea** Raffaels (Bild 10.16) fällt auf, daß dieses Fresko der Villa Farnesina in Rom aus zwei Teilen besteht, nämlich zum einen aus der Göttin mit ihrem Gefolge auf dem Meer und zum anderen aus dem Himmel mit den drei fliegenden Amoretten und Eros. Teilt man die Höhe im goldenen Schnitt mit

Bild 10.15

dem Major unten, so erhält man eine Linie, die die Stirnlocke der Göttin berührt, d.h. den irdischen vom himmlischen Bereich trennt.

Eine solche Bildeinteilung wird offenbar als besonders harmonisch empfunden, weil die Spannung zwischen Gleichheit und Verschiedenheit das richtige Maß

Bild 10.16

hat. Deshalb wird diese Aufteilung von vielen Künstlern, sei es bewußt, sei es unbewußt, mehr oder weniger exakt verwendet.

Im Abschnitt **10.1** haben wir bereits erwähnt, daß in der Renaissance ein großes theoretisches Interesse am goldenen Schnitt bestand. Infolgedessen ist es nicht verwunderlich, daß der goldene Schnitt in den Bildern dieser Epoche besonders häufig in Erscheinung tritt.

Bei Raffaels berühmter **Sixtinischer Madonna** findet sich der goldene Schnitt in spektakulärer Weise.

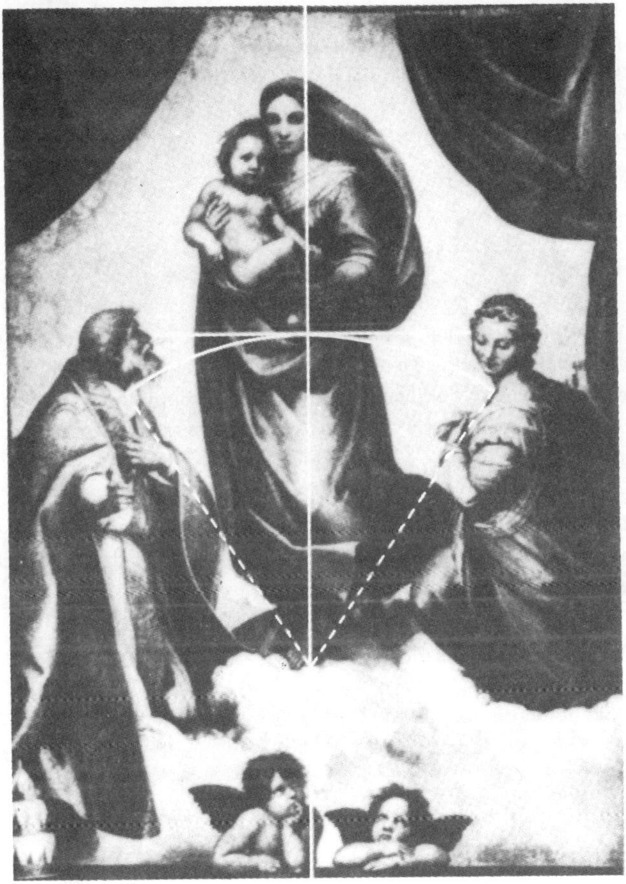

Bild 10.17

- Die Waagrechte, die die Höhe dieses Bildes im goldenen Schnitt teilt (mit dem Major unten), verläuft genau zwischen Ober- und Unterkörper der Madonna und verbindet zugleich die Gesichter von Sixtus und Barbara.

- Teilt man den unteren Abschnitt nochmals im goldenen Schnitt (nun mit dem Major oben), so trifft die entsprechende Linie genau die rechte Fußspitze (also den untersten Punkt) der Madonna.

- Auch die Linie, die man erhält, wenn man die Bildhöhe (mit dem Major oben) im goldenen Schnitt teilt, hat ihre Entsprechung im Bild: Sie trifft das Gewand der Madonna an der Stelle, wo dieses, wie durch einen kleinen Luftstoß, emporgeworfen wird.

*

Leonardo da Vinci (1452 - 1519) war mit dem goldenen Schnitt sehr vertraut. Er illustrierte ja das Buch *De divina proportione* seines Freundes Luca Pacioli. Es ist daher nicht unwahrscheinlich, daß Leonardo den goldenen Schnitt zur Gestaltung seiner Bilder herangezogen hat. Und natürlich haben sich Seher und Deuter auf das wahrscheinlich berühmteste Gemälde überhaupt gestürzt, seine **Mona Lisa**. Dieses Bild verleiht nach STEEN *wie kein anderes seinem Streben nach Vollendung Ausdruck*.

Otto HAGENMAIER meint, daß sich in dieses Bild ein goldenes Dreieck einbeschreiben läßt, dessen Basislänge der Bildrahmen ist. Friedrich SCHULZ schreibt, daß die drei Hauptfelder des Hintergrunds, nämlich

- "die untere Schattenzone der Loggia",

- "das besonnte bräunliche Mittelfeld von der Brüstung der Loggia bis zur Silhouette der Vorgebirge", und

- "die in blaugrünen Dunst gehüllte Hochgebirgszone"

mit Hilfe des goldenen Schnittes proportioniert seien.

Wir müssen allerdings bekennen, daß unserer Meinung nach keine dieser Interpretationen viel mit dem Hauptinhalt des Bildes zu tun zu haben scheint. Jedenfalls wird damit die Faszination, die die Mona Lisa unbestreitbar ausübt, in keiner Weise erklärt.

Bild 10.18

*

Bekanntlich stellte auch Albrecht Dürer (1471 - 1528) zahlreiche theoretische Untersuchungen an. In unserem Zusammenhang ist besonders interessant, daß er in seiner **Underweysung der messung** 1525 ein in einen Kreis einbeschriebenes

Fünfeck konstruiert. Daher ist es nicht ausgeschlossen, daß Dürer in seinen Bildern den goldenen Schnitt verwendet hat. Allerdings muß gesagt werden, daß Dürer in seinen theoretischen Arbeiten den goldenen Schnitt an keiner Stelle erwähnt.

Wir betrachten nun sein **Münchner Selbstbildnis** von 1500.

Bild 10.19

Dieses feierliche Bild hat schon immer zu Untersuchungen und Spekulationen Anlaß gegeben. Allerdings dürfte durch Franz WINZINGERs Konstruktionsschema der Streit um das Geheimnis der Bildgestaltung beigelegt worden sein, zumal WINZINGERs Deutung durch eine Notiz aus Dürers Dresdner Skizzenbuch erhärtet wird. WINZINGER schreibt:

> *Wendet man sich nun der Darstellung zu, so wird auch dem flüchtigen Betrachter auffallen, daß der Kopf mit den wallenden Locken ein regelmäßiges Dreieck bildet. Zeichnet man dieses ein, so stellt sich heraus, daß es sich nicht nur um ein gleichseitiges Dreieck handelt, dessen Spitze mit der Mitte des oberen Bildrandes zusammenfällt, sondern daß die Basis dieses Dreiecks zugleich die Höhe der ganzen Bildtafel genau im goldenen Schnitt teilt.*

Die Basis des goldenen Dreiecks trifft auch die untere Spitze des weißen Hemdausschnitts. Ferner fällt auf, daß die beiden vertikalen Linien, die das Gesicht seitlich begrenzen, die Breite des Bildes (fast) im goldenen Schnitt teilen.

*

Wir wenden uns nun einigen Künstlern des 19. und 20. Jahrhunderts zu. Georges SEURAT (1859 - 1891), der Begründer des Neoimpressionismus, strebte einen streng geometrischen Bildaufbau an.

Bild 10.20

Bei seinem Bild **Le Parade** (siehe Bild 10.20) fallen vor allem zwei strukturierende Linien ins Auge: Die Oberkante der Balustrade etwas unterhalb der Mitte und die vertikale Linie rechts in der Bildmitte. Es gibt eine ganze Reihe von Interpretationen dieses Bildes, die den goldenen Schnitt in Betracht ziehen.

So schreibt etwa André LHOTE, daß das Bild (wenn man von der Reihe der neun Gasleuchten am oberen Bildrand absieht) ein goldenes Rechteck bildet, dessen längere Seite (also die Bildbreite) durch die genannte vertikale Linie im goldenen Schnitt geteilt wird.

Charles BOULEAU bestreitet allerdings diese Sichtweise, weist aber andererseits darauf hin, daß die waagrechte Linie der Balustrade eine Annäherung an den goldenen Schnitt der Bildhöhe (diesmal einschließlich der Gasleuchten) bildet.

R. FISCHLER hält beide Interpretationen (und noch mehr) für falsch. Er versucht zu zeigen, daß Seurats Bild durch einfache Zahlenverhältnisse charakterisiert ist, darunter auch durch das Verhältnis 5 : 8, das jedoch von Seurat nicht in Zusammenhang mit dem goldenen Schnitt gebracht worden sei.

Im späten 19. Jahrhundert erlebte der goldene Schnitt vor allem in der theoretischen Literatur zur Kunst eine Blüte. Eine besonders große Wirkung übten die Bücher von SÉRUSIER und GHYKA **Le Nombre d'Or** aus.

SÉRUSIERs Ideen fielen vor allem bei den Kubisten auf fruchtbaren Boden. Ab Herbst 1911 sammelte Jaques VILLON mehrere Künstler dieser Richtung um sich. Dieser Kreis veranstaltete im Oktober 1912 in der Galerie de la Boétie in Paris eine vielbeachtete Ausstellung mit dem Titel **La Section D'Or**.

Es ist wahrscheinlich, daß mit dem Titel der Ausstellung in der Tat der goldene Schnitt gemeint war. So bekannte etwa Jacques VILLON, der diesen Titel vorgeschlagen hatte:

> *As in the Middle Ages they offered up a prayer before beginning to paint, I rely on the golden section to give myself a preliminary assurance.*

Der suggestive Titel dieser Ausstellung kann jedoch nicht darüber hinwegtäuschen, daß es bei diesem Salon keineswegs darum ging, die Anwendung des goldenen Schnitts bei Kunstwerken voranzutreiben. Fast keiner der ausstellenden Künstler leistete einen ernsthaften Beitrag zum Thema "geometrische Proportionen", und die meisten der zeitgenössischen Betrachter verstanden den Salon auch als pure kubistische Ausstellung. Möglicherweise wurde der Titel von vielen in einem weiteren, unbestimmten Sinn verstanden.

Nur Juan GRIS, ein Hauptvertreter des Kubismus und Mitglied der *Section D'Or-Gruppe* soll den goldenen Schnitt beim proportionalen Aufbau seiner Werke verwendet haben.

*

Den Abschluß der goldene-Schnitte-Maler soll der holländische Maler Piet MONDRIAN (1872 - 1944) bilden. BOULEAU schreibt über ihn:

> *The french painters never dared to go as far into pure geometry and the strict use of the golden section as did the cold and pitiless Dutchman Piet Mondrian.*

Er erläutert dies unter anderem an Mondrians **Painting I**.

Bild 10.21

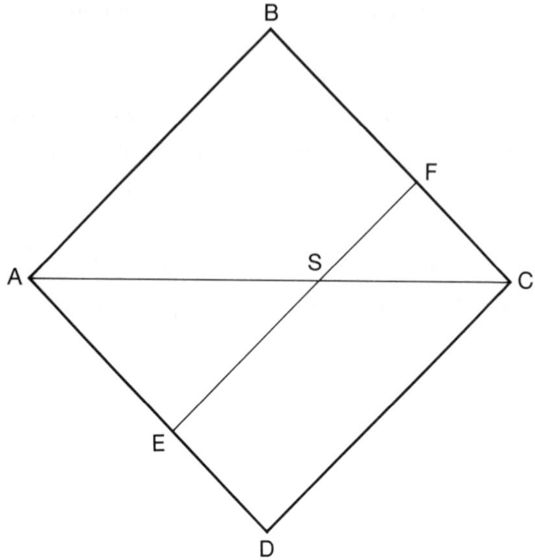

Hier schneidet die Diagonale des aus den schwarzen Balken bestehenden Quadrates (die das auf der Spitze stehende Ausgangsquadrat ABCD in den Punkten E und F trifft) in einem Punkt S, der die Strecke AC im goldenen Schnitt teilt.

Auch diese Interpretation wird (natürlich) von R. FISCHLER bestritten. Er verweist auf Aussagen Mondrians, in denen dieser erklärt, er habe intuitiv und ohne eine Theorie der Proportionen gearbeitet.

10.3 Literatur

Daß der goldene Schnitt zur Gestaltung literarischer Werke herangezogen wird, mag auf den ersten Blick verwunderlich oder absurd erscheinen. Dem widerspricht natürlich nicht, daß eine ganze Reihe von Untersuchungen zu diesem Thema vorliegen. Die folgenden Beispiele mögen für sich selbst sprechen.

Als erstes soll über die Verwendung des goldenen Schnitts im Buchdruck, genauer gesagt bei der **Herstellung eines Satzspiegels** berichtet werden. Hierzu schreibt ENGEL-HARDT

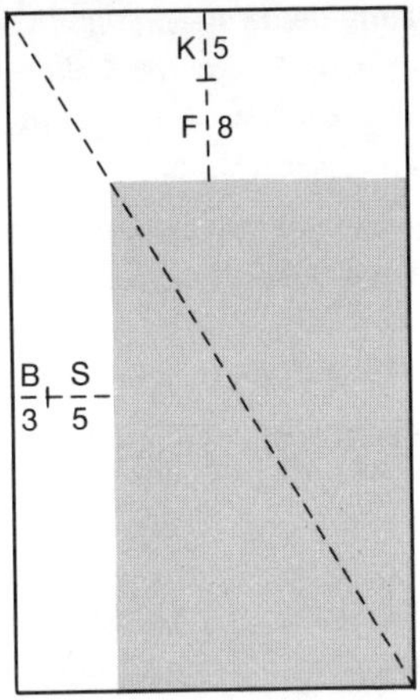

Papierränder entsprechend dem GS.

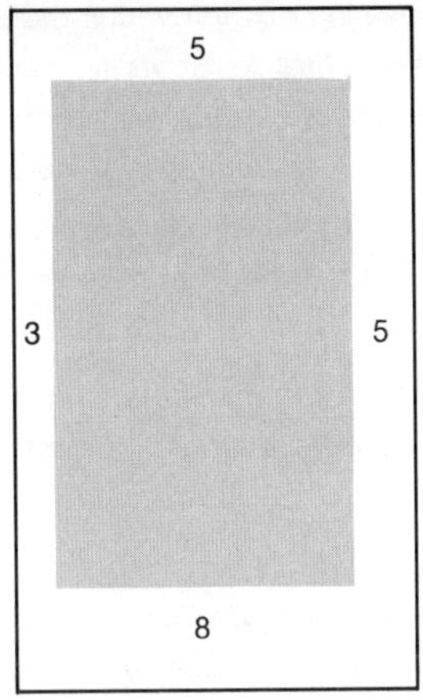

Die richtige Stellung des Druckspiegels.

Der GS und das Verhältnis der Papierränder im Buche.

Bild 10.22

Die einzig richtige und zugleich schönste Stellung des Druckspiegels [ist die], die mit Hilfe des Goldenen Schnittes gewonnen wird. Eine solche Stellung der Druckseiten wirkt, wie aus der schematischen Darstellung eines aufgeschlagenen Buches [Bild 10.22] hervorgeht, außerordentlich schön.

Auch in neueren Werken zum Buchdruck wird explizit und (fast) ohne Vorbehalte der goldene Schnitt empfohlen. So schreiben etwa MEHNERT und BERNWALD 1971:

7. Warum wählt man das Raumverhältnis 3 : 5 ?
Das Raumverhältnis 3 : 5 entspricht den Größenverhältnissen des "Goldenen Schnittes" (3 : 5, 5 : 8, 8 : 13, 13 : 21 usw.).

...

9. Ist eine Raumaufteilung nach dem "Goldenen Schnitt" immer richtig ?
Eine Raumaufteilung nach dem goldenen Schnitt wirkt immer schön, sie ist jedoch nicht immer praktisch.

*

Das älteste literarische Werk, das mit Hilfe des goldenen Schnitts komponiert worden sein soll, ist das Epos **Äneis** des römischen Dichters **Vergil** (70 - 19 v. Chr.). In einer tabellenreichen und detaillierten Studie versuchte G. DUCKWORTH nachzuweisen, daß der goldene Schnitt das durchgängige Gestaltungsschema der Äneis ist. Zu diesem Zweck zählte er die Zeilen in verschiedenen Abschnitten; das Verhältnis dieser Zahlen kommt dem goldenen Schnitt in der Regel sehr nahe. Kritisch muß allerdings angemerkt werden, daß DUCKWORTH den Begriff "sehr nahe" sehr weit auslegt; so werden alle Werte zwischen 0,6 und 0,636 als Approximation für ϕ^{-1} ($\approx$ 0,618) akzeptiert. Auf ein merkwürdiges Phänomen müssen wir allerdings hinweisen: In der Äneis finden sich häufig Halbverse, also unvollständige Zeilen, die in der Regel auf mangelnde redaktionelle Überarbeitung von Seiten Vergils zurückgeführt werden. DUCKWORTH zeigt jedoch, daß sich, wenn man diese Zeilen entsprechend ihrer tatsächlichen Länge in die Rechnungen eingehen läßt, in etwa drei Viertel aller Fälle eine bessere Annäherung an den goldenen Schnitt ergibt. Dennoch: DUCKWORTHs Studie wurde außerordentlich kritisch rezipiert. CLARKE stellt zunächst folgende Frage: Wenn man annimmt (was nicht selbstverständlich ist), daß Vergil den goldenen Schnitt kannte, so ist es dennoch fast unglaublich, daß er dieses geometrische *Längen*verhältnis für sein Werk in ein arithmetisches *Zahlen*verhältnmis umgesetzt hat. Ferner formuliert CLARKE sehr pointiert:

He [= DUCKWORTH] himself seriously weakens his case by finding Golden ratios in other Latin poets... I would go further and say that such proportions could be found in any poet not writing in stanzas or couplets, and that they are accidental and without significance.

Es ist klar, daß ähnliche Bedenken auch für andere behauptete Erscheinungsformen des goldenen Schnitts anzuwenden sind.

*

Es ist bekannt, daß im Mittelalter die Zahlensymbolik eine große Rolle gespielt hat. Wir betrachten unter diesem Aspekt das von K. LANGOSCH untersuchte **Liber ymnorum** des **Notker Balbulus** (um 885). Viele Segmente dieses Hymnus sind gemäß dem goldenen Schnitt aufgebaut. Das heißt: Die Anzahl der Silben im ersten Teil und die im zweiten Teil befinden sich annähernd im goldenen Verhältnis. Ein schlagendes Beispiel ist der **Laurentiushymnus**: In den ersten 144 Silben wird Laurentius angerufen und sein Martyrium gerühmt, anschließend wird er 89 Silben lang um Fürbitte gebeten. Das Auftreten dieser großen Fibonacci-Zahlen 89 und 144 (300 Jahre vor Fibonacci!) mag Zufall sein – zu denken gibt es dennoch.

*

In besonders unerwarteter Form taucht der goldene Schnitt – nach Meinung von J. BENJAFIELD und C. DAVIS – in den **Märchen der Brüder Grimm** auf: Die genau 585 Charaktere (Personen, sprechende Tiere,...) in den 125 Märchen wurden aufgrund der Gegensatzpaare

gut – böse, stark – schwach, aktiv – passiv

in die folgenden acht Gruppen aufgeteilt. In den letzten beiden Zeilen der Tabelle ist jeweils die Anzahl der Charaktere eingetragen, die zu dieser Gruppe gehö-

1	2	3	4	5	6	7	8
gut	gut	gut	gut	schlecht	schlecht	schlecht	schlecht
stark	stark	schwach	schwach	stark	stark	schwach	schwach
aktiv	passiv	aktiv	passiv	aktiv	passiv	aktiv	passiv
positiv	**positiv**	**positiv**	**negativ**	**positiv**	**negativ**	**negativ**	**negativ**
151	8	74	173	130	0	25	24
191	7	69	147	81	0	29	61

ren, und zwar zu Beginn der Märchen (vorletzte Zeile) und am Ende der Märchen (letzte Zeile).

Als **positiv** bezeichnen BENJAFIELD und DAVIES die Gruppen 1, 2, 3 und 5, die anderen halten sie für **negativ**. Dann stellt sich heraus, daß 60-62% aller Charaktere positiv sind – und zwar sowohl, wenn man die Situation zu Beginn der Märchen betrachtet, als auch, wenn man am Ende der Märchen zählt.

Gibt es eine Erklärung für dieses erstaunliche Phänomen? BENJAFIELD und DAVIES bieten eine vergleichsweise überzeugende zweistufige Deutung an: Da der goldene Schnitt in der Natur sehr häufig auftritt, wird er vom Menschen unbewußt als ästhetischer Maßstab bei der Bewertung von Kunstwerken herangezogen. Dieser unbewußte Prozeß gewinnt umso mehr Bedeutung, je 'naturnäher', 'unverbildeter', 'volkstümlicher' die Kunstwerke sind. Da Grimms Märchen bekanntlich direkt dem Munde des Volkes abgelauscht sind, ist es kein Wunder, daß hier der goldene Schnitt als 'natürliches Spannungsverhältnis' in Erscheinung tritt. BENJAFIELD und DAVIS schreiben:

> *Although the characters and situations depicted in fairy tales are often unrealistic, in the sense of being unlikely to be encountered in everyday life, the connotative structure of the characters is like that found in our impersonal environment. Since the stories are, in part, vehicles for teaching children about the general features of human nature, this correspondence makes perfectly good sense.*

Nach Meinung der Autoren erkärt dies auch das Auftreten des goldenen Schnitts in der Musik Béla Bartóks (siehe **10.4**) – ein Beleg dafür, daß Bartóks Musik sich in vielerlei Hinsicht aus der Volksmusik speist.

Etwas kühn scheint uns allerdings die Ansicht von BENJAFIELD und DAVIS zu sein, daß jedermann sich seine Bekannten so wählt, daß sich die Anzahl der Freunde zur Anzahl der Feinde verhält wie der goldene Schnitt. In einem weiteren Artikel (zusammen mit ADAMS-WEBBER) behauptet BENJAFIELD sogar: *whenever subjects differentiate one thing into two, they tend to do so in a way that approximates the golden section.*

*

Spektakulär ist die Entdeckung des goldenen Schnitts in einem späten Gedicht von Friedrich **Hölderlin** (1770 - 1843). In seinen letzten Lebenstagen, im Mai oder Juni 1843 schrieb Hölderlin in Tübingen **Die Aussicht**:

Wenn in die Ferne geht der Menschen wohnend Leben,
Wo in die Ferne sich erglänzt die Zeit der Reben,
Ist auch dabei des Sommers leer Gefilde,
Der Wald erscheint mit seinem dunklen Bilde;
Daß die Natur ergänzt das Bild der Zeiten,
Daß die verweilt, sie schnell vorübergleiten,
Ist aus Vollkommenheit, des Himmels Höhe glänzet
Den Menschen dann, wie Bäume Blüth' umkränzet.

Roman JAKOBSON und Grete LÜBBE-GROTHUES fanden heraus, daß dieses Gedicht mit Hilfe des goldenen Schnitts, genauer gesagt aus den Verhältnissen 8 : 5, 5 : 3 und 3 : 2 aufgebaut wurde. Sie schreiben: *Der goldene Schnitt (8:5 = 5:3) stellt zwei ungleiche Teile eines achtzeiligen Ganzen einander gegenüber und zerlegt* **Die Aussicht** *in zwei syntaktisch gleichmäßige Gruppen von fünf Verba finita bzw. fünf Elementarsätzen (clauses), mit einer spiegelsymmetrischen Verteilung der Verben in den Halbversen des fünfzeiligen Major (3:2) und des dreizeiligen Minor (2:3).*

JAKOBSON legt ferner dar, daß die *einzigen transitiven Verben des Gedichtes und deren beide direkte Objekte, die den Major (III_1 ergänzt das Bild) und den Minor (IV_2 Bäume ... umkränzet) schließen,* den goldenen Schnitt deutlich machen. Auch die umgekehrte Wechselbeziehung 3 : 5 zeigt sich in **Die Aussicht**: Die ersten drei Zeilen unterscheiden sich von den fünf weiteren *durch das Vorangehen des Prädikats im Verhältnis zum Subjekt.*

Die Frage, ob Hölderlin die Ästhetik des goldenen Schnitts bewußt einsetzte, ist hier besonders schwierig zu beantworten, da Hölderlin bekanntlich in seinen letzten Lebensjahren stark an einer seelischen Krankheit litt. Immerhin gibt es nach JAKOBSON auffallende *Anzeigen einer komplexen und zielbewußten Gestaltung* und viele Indizien deuten auf eine bewußte Verwendung der Verhältnisse 8 : 5, 5 : 3 und 3 : 2 hin. (Ob man das allerdings als "Verwendung des goldenen Schnitts" bezeichnen sollte, muß aus mathematischer Sicht doch kritisch hinterfragt werden).

*

Mit dieser eindrucksvoll überraschenden Sicht verlassen wir die Welt der Dichtung und wenden uns einer weiteren Muße zu, dem Bereich der Musik.

10.4 Der goldene Schnitt und die Musik

Der goldene Schnitt tritt innerhalb der Musik in zwei Rollen auf. Zum einen können zwei Töne (genauer gesagt: ihre Frequenzen) ein goldenes Verhältnis haben; andererseits kann die Komposition eines Stückes aus Teilen bestehen, deren Längen sich verhalten wie der goldene Schnitt.

Wenden wir uns zunächst dem ersten Phänomen zu.

Stehen die Frequenzen zweier Töne im Verhältnis der Fibonacci-Zahlen 8 : 5 (bzw. 5 : 8), so bildet sich als Klang eine **kleine Sexte**. Die Differenz des Verhältnisses 8 : 5 (= 1,6) zum goldenen Schnitt (= 1,618...) sei so gering, daß, wie HAASE behauptet, der goldene Schnitt *selbstverständlich in den Zurechthörbereich der kleinen Sexte fällt*. HAASEs Vorstellung ist also die, daß der Reiz der kleinen Sexte darin begründet ist, daß die Frequenzen ihrer Einzeltöne im goldenen Verhältnis stehen, und daß das einfache Verhältnis 8 : 5 nur eine Annäherung daran ist:

> *Es läßt sich mithin eine sehr interessante Wechselbeziehung feststellen: Während einerseits mathematisch die Proportion 5 : 8 als Näherungslösung oder Ersatz für den goldenen Schnitt betrachtet werden kann, erweist sich ästhetisch umgekehrt der goldene Schnitt als Akzent und Belebung gerade dieser einfachen Proportion!*

*

Angesichts der intimen Beziehung von besonders reizvoll empfundenen Klängen zum goldenen Schnitt erscheint es nicht verwunderlich, daß der goldene Schnitt im Instrumentenbau seit alters Verwendung findet. Insbesondere im Geigen- und Flötenbau scheint der goldene Schnitt als Geheimmittel zur Erreichung besonders klangschöner Instrumente benutzt worden zu sein. (Siehe etwa BRACH.)

*

Nun kommen wir zur zweiten, wesentlich deutlicher erfahrbaren Erscheinungsform des goldenen Schnitts in der Musik, nämlich sein Einsatz bei der Komposition einzelner Teile zu einem Ganzen.

Auf die Verwendung des goldenen Schnittes in Kompositionen von G. **Dufay** haben wir schon im Abschnitt **10.1** hingewiesen. In der Zeit nach der Renaissance tritt der goldene Schnitt in der Musik nur zufällig auf. Zwar gibt es immer Seher, die den goldenen Schnitt in einer Bachschen Fuge, einem Streichquintett von

Haydn, oder Stücken von Beethoven oder Mozart entdeckt haben wollen; solche Entdeckungen sind aber mit großer Vorsicht zu genießen. Häufig wird einfach eine sehr grobe Approximation an ϕ schon als der goldene Schnitt angesehen. Immerhin scheint der kaiserliche Hofkompositeur Johann Josef **Fux** (1660 - 1741) den goldenen Schnitt in seinen Werken (etwa dem **Te Deum** K 270) *in raffinierter Weise* (NAREDI-RAINER) benutzt zu haben.

*

In massiver und ganz spektakulärer Weise findet sich der goldene Schnitt jedoch nach Meinung von Ernö LENDVAI in den Werken des ungarischen Komponisten **Béla Bartók** (1881 - 1945). In einer gründlichen Analyse der Werke Bartóks zeigt LENDVAI, daß Bartók den goldenen Schnitt und Fibonacci-Zahlen als Gestaltungsprinzipien häufig einsetzte.

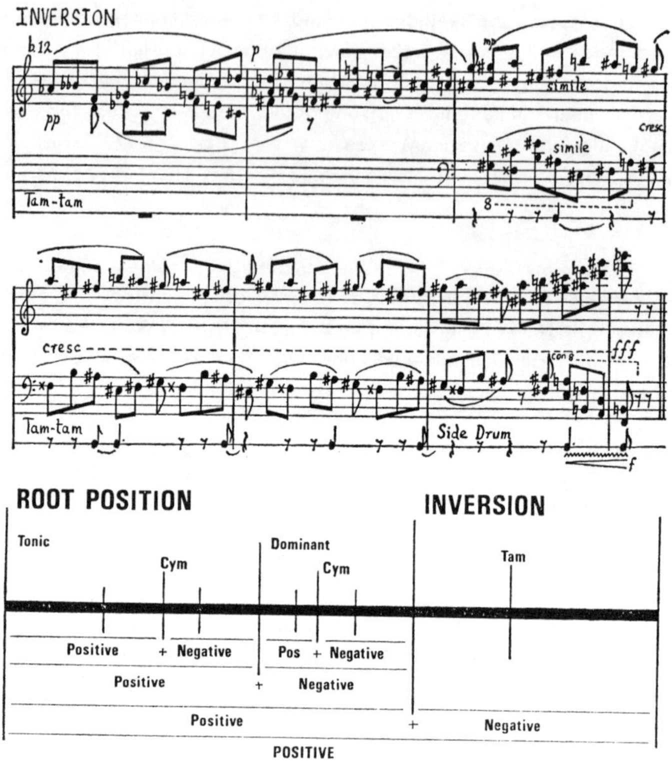

Bild 10.23

Besonders deutlich wird dies in der **Sonate für zwei Klaviere und Schlagzeug**. Die Teilung im goldenen Verhältnis findet sich dort nicht nur bei der Strukturierung des Gesamtwerks, sondern auch in kleinsten Einzelheiten.

Die gesamte Sonate ist in vier Sätze (Assai lento - allegro molto, Lento ma non troppo, Allegro non troppo) eingeteilt. Sie dauert genau 6432 Achtelnoten lang; der zweite langsame Satz ("Lento ma non troppo") beginnt nach 3975 Achtelnoten. Dieser Einschnitt entspricht genau dem goldenen Schnitt (6432 · 0,618 = 3974,9). Auch der Anfang der Reprise im ersten Satz teilt die Satzlänge genau im goldenen Schnitt. Wer mag da noch an Zufall glauben?

Als Beispiel für die Gestaltung kleinster Details auf Basis des goldenen Schnitts stellt LENDVAI eine Analyse der einleitenden Takte 2 - 17 der Sonate vor.

Die Abbildung (Bild 10.23) zeigt eine fortlaufende Teilung jeweils im goldenen Verhältnis bis hin zu sehr kleinen Einheiten. (LENDVAI nennt die Teilung eines Abschnitts im goldenen Schnitt **positiv**, falls der Major zuerst kommt, ansonsten **negativ**.) Das Schema hat die zusätzliche bemerkenswerte Eigenschaft, daß sich positive und negative Abschnitte stets gegenüberstehen, die positiven Abschnitte stehen dabei immer am Anfang.

LENDVAIs umfangreiches Beispielmaterial legt überzeugend nahe, daß der goldene Schnitt eines der wesentlichen Gestaltungsprinzipien Bartóks war. Bartók selbst hat sich allerdings nie, weder mündlich noch schriftlich, zu seinen strukturellen Kompositionsprinzipien geäußert. Einige Indizien deuten jedoch darauf hin, daß er in seinen Anschauungen vom goldenen Schnitt nicht unbeeinflußt war. Bartóks Lieblingsblume war die Sonnenblume, und er freute sich stets über Tannenzapfen auf seinem Tisch; dies sind zwei ganz deutliche und überzeugende Erscheinungsformen des goldenen Schnitts in der Natur. Ferner schreibt Bartók selbst: *We follow nature in composition*. All dies stützt die These von der (eventuell unbewußten) Verwendung des goldenen Schnitts in Bartóks Musik.

10.5 Warum ist der goldene Schnitt so schön?

Steckt der goldene Schnitt hinter jedem Kunstwerk? Oder kann jedenfalls da, wo der goldene Schnitt ist, Schönheit nicht weit sein? Findet sich der goldene Schnitt in vielen (manchen / wenigen) Kunstwerken? Oder ist alles Lug und Trug bzw falsche Einbildung?

Der Vorhang zu und alle Fragen offen! – So könnte man auch hier ausrufen.

*

Uns seien nur wenige abschließende Bemerkungen gestattet.

Es scheint erwiesen zu sein, daß der Schönheitsbegriff von sehr regelmäßigen, symmetrischen Formen ausgeht und sich zu immer komplexeren Gebilden hin entwickelt. Kinder empfinden zum Beispiel achsensymmetrische Zeichnungen als besonders gelungen, während Erwachsenen dieselbe Symmetrie eher langweilig erscheint. Auch in der historischen Entwicklung der Kunst kann man das "Fortschreiten" von einfachen und überschaubaren zu komplexen und differenzierten Formen beobachten. [Davon unabhängig ist natürlich die Tatsache, daß in Zeiten extremer ästhetischer Verfeinerung einfache (simple) Formen und Gestalten besonders effektvoll zur Wirkung und zu Einfluß kommen können. (Damit ist noch keine Wertung impliziert: Dies trifft auf die Gemälde GAUGUINs ebenso zu wie auf die faschistische Kunst, die sich ja extrem einfacher Symbole und Symmetrien bedient hat.)]

So ist es nicht verwunderlich, daß in sehr vielen Kunstwerken der Punkt des größten Interesses nicht etwa in der Mitte liegt, sondern signifikant zu einer Seite hin verschoben ist. Man findet hier häufig ein Verhältnis, das zwischen 0,6 und 0,7 liegt. Bei denjenigen Disziplinen der Kunst, die durch "zeitliches Nacheinander" bestimmt sind, ist das ganz deutlich: Der Eintritt der Reprise ist in der zweiten Hälfte eines jeden Musikstücks; der dramatische Höhepunkt eines jeden Schauspiels spielt sich "kurz vor Schluß" ab. Aber auch in der bildenden Kunst, in der es um räumliches Nebeneinander geht, gibt es viele Beispiele; einige (hoffentlich besonders schöne) haben wir in diesem Kapitel bewundert.

So weit ist alles einsichtig und durch empirische Untersuchungen bestätigbar. Ob dieses Verhältnis allerdings für alle Kunstwerke (im wesentlichen) dasselbe ist, ob es 0,6 oder 2/3, ϕ oder $\pi/5$ ist, ob es rational oder irrational ist, das alles scheint uns bei einigermaßen nüchterner Betrachtung nicht ausgemacht zu sein. Klar ist auch, daß diese Verhältnisse alle eine Balance zwischen Einfachheit und Komplexität, Spannung und Entspannung, Sicherheit und Überraschung, Licht und Dunkel, Einsicht und Rätsel darstellen.

Was den goldenen Schnitt (neben seinem suggestiven Namen) vielleicht vor den unzähligen anderen Verhältnissen auszeichnet, ist seine unbezweifelbare zentrale Rolle innerhalb der Mathematik, von der wir uns in den ersten Kapiteln dieses Buches überzeugen konnten.

Uns scheint, daß auch die Rolle des goldenen Schnitts in der Kunst zwischen den genannten Extremen spielt. Sicherlich werden noch viele Erscheinungsformen des goldenen Schnitts entdeckt werden.

Eine Erfahrung, die wir gemacht haben, möchten wir Ihnen, lieber Leser, verehrte Leserin zum Schluß nicht vorenthalten: Die Suche nach dem goldenen Schnitt bzw. das Nachvollziehen des Aufscheinens des goldenen Schnitts in der Kunst ist ein Vergnügen hoher Art. Wenn Sie sich auf die Suche nach goldenen Schnitten machen, werden Sie nicht nur schöne Kunstwerke betrachten, sondern diese auch in neuem Lichte, vielleicht sogar in neuem Glanze sehen.

Literatur

Wir haben versucht, ein umfassendes Literaturverzeichnis zusammenzustellen, um damit auch eine wissenschaftliche Vertiefung des einen oder anderen Aspekts in Zusammenhang mit dem goldenen Schnitt zu erleichtern. Um der möglicherweise dadurch bedingten Unübersichtlichkeit zu begegnen, wollen wir zuvor jedoch noch einige Empfehlungen auf Bücher und Artikel des Literaturverzeichnisses geben:

Eine ganze Reihe der mathematischen Aspekte des goldenen Schnittes beschreiben die Artikel von Coxeter 1953 und Gardner 1959 sowie das Kapitel über den goldenen Schnitt in Coxeters "Unvergänglicher Geometrie".

Eine umfassende Darstellung des goldenen Schnittes, auch mit vielen schönen Beispielen aus dem mathematischen Bereich, findet sich in Huntleys "Divine Proportion" und in Walsers Buch "Der goldene Schnitt".

Ein Geheimtip ist sicher "Der goldene Schnitt" von H.E. Timerding aus dem Jahre 1918, der, für die damalige Zeit sicher nicht selbstverständlich, eine erstaunlich nüchterne und klare Analyse des goldenen Schnittes vorlegt.

Das Buch von Otto Hagenmaier gibt, nach einer kurzen mathematischen Einführung, vor allem einen Überblick über den Bereich "Goldener Schnitt und Ästhetik" und enthält eine Reihe von Beispielen aus Kunst und Architektur. Ähnliches gilt auch für das Buch von H. Schenck.

Wer einmal echte Fanatiker des goldenen Schnittes erleben möchte, der sei auf die Bücher von Zeising, Pacioli, Doczy und Pfeiffer verwiesen.

Allentown Art Museum, *Ratio and Proportion*. Allentown (Pennsylvania), o.J.

American Mathematical Monthly **66** (1959), 129-130.

Angelis d'Ossat, Guglielmo de: *Enunciati euclidei e 'divina proporzione' nell architettura del primo rinascimento*. In: Atti del V convegno internazionale di studi sul rinascimento, Florenz 1958, 252-263.

Anzelewski, Fedja, *Albrecht Dürer – Das malerische Werk*. 1971.

Apollinaire, *A la Section d'Or*. In: L'Intransigeant, Oct. 10, 1919, 2.

Archibald R. C. (Ed.), Golden Section / A Fibonacci Series. *American Mathematical Monthly* **25** (1918), 226-238.

Archibald, R. C., *Notes on the Logarithmic Spiral, Golden Section and the Fibonacci Series*. In: Jay Hambidge, Dynamic Symmetry, 152 ff.

Arnheim, Rudolf, *A Review of Proportion*. JAAC (The Journal of Aesthetics and Art Criticism) **14** (1955), 44-57.

Artmann, Benno, Die stetige Teilung am regelmäßigen Fünfeck. *Mathematikunterr.* **28** (1982), 9 - 19.

Artmann, Benno, *Hippasos und das Dodekaeder*. Mitt. Math. Sem. Gießen **163** („Coxeter-Festschrift"), 103-121 (1984).

Artmann, B.: *Roman Dodecaederhedra*. The Mathematical Intelligencer **15** (1993), 52-53.

Auberson Marron, Luis Manuel: *El monasterio de San Lorenzo el Escorial y la divina proporcion*. In: El Escorial 1563-1963, Bd. **2**, Madrid 1963, 252-272.

Badawy, Alexander, *A history of Egyptian architecture*. University of California Press, Berkeley / Los Angeles, 1966

Bankoff, Leon, *For Rabbit Fibonacci Fans*. J. Recr. Math. **1** (1968), 78.

Baptist, Peter, Alt, aber nicht veraltet: der goldene Schnitt. *Zentralbl. Didakt. Math.* **25** (1993), 122 - 127.

Baravalle, Hermann von, *Die Geometrie des Pentagramms und der Goldene Schnitt*. Stuttgart 1950.

Baravalle, Hermann von, *Geometrie als Sprache der Formen*. Novalis-Verlag, Freiburg im Breisgau, 1957.

Basin, S. L., The Fibonacci Sequence As It Appears in Nature. *The Fibonacci Quarterly* **1** (1963), Nr. 1, 53-56.

Beard, Colonel R. S., The Golden Section and Fibonacci Numbers. *Scripta Mathematica* **16** (1950), 116-119.

Beatty, Samuel, *Problem 3173*. American Math. Monthly **33** (1926), 159.

Bell, Eric Temple, The Golden and Platinum Proportions. *National Math. Magazine* **19** (1944), 20-26.

Benjafield, John, The 'golden rectangle': Some new data. *American Journal of Psychology* **89** (1976), Nr. 4, 737-743.

Benjafield, John and Adams-Webber, J., The Golden Section Hypothesis. *British Journal of Psychology* **67** (1976), 1, 11-15.

Benjafield, John and Davis, Christine, The Golden Section and the Structure of Connotation. *The Journal of Aesthetics and Art Criticism* **36** (1978), 423-427.

Benjafield, John and Green, T. R. G., Golden section relations in interpersonal judgement. *British Journal of Psychology* **69** (1978), 25-35.

Bennett, A. A., The Most Pleasing Rectangle. *American Mathematical Monthly* **30** (1923), 27-30.

Béothy, E., *La Serie d'Or*. Chanth, Paris 1932.

Berlekamp, E.R., Conway, J. H. and Guy, R. K., *Winning Ways for Your Mathematical Plays, Vol. 2: Games in particular*. Academic Press, London, New York, ... , 1982; deutsch: *Gewinnen. Strategien für mathematische Spiele*. Friedr. Vieweg & Sohn, Braunschweig, Wiesbaden.
Band 1: *Von der Pike auf*, 1985
Band 2: *Bäumchen-wechsle-dich*, 1986
Band 3: *Fallstudien*, 1986
Band 4: *Solitairspiele*, 1985.

Berlyne, D. E., The golden section and hedonic judgments of rectangles: A cross-cultural study. *Sciences de l'art / Scientific Aesthetics* **7** (1970), 1-6.

Berlyne, D. E., *Aesthetics and psychobiology*. Appleton-Century-Crofts, New York 1971.

Beutelspacher, Albrecht, *Luftschlösser und Hirngespinste*. Verlag Vieweg, Braunschweig, Wiesbaden 1986.

Bews, J., Aeneid I and .618 ? *Phoenix* **24** (1970), 130-143.

Bickenbach, H., Der Sonnenkreis. *Bild der Wissenschaft* **13** (1976), 172-174.

Bicknell, Marjorie and Hoggatt, Verner E., The Golden Triangle. *Fibonacci Quarterly* **7** (Febr. 1969).

Blake, Peter, *Drei Meisterarchitekten*. R. Piper & Co. Verlag, München 1962.

Blunt, Sir Anthony, *Artistic Theory in Italy, 1450-1600*. Oxford 1940 (London 1956).

Bösenberg, Friedrich, *Harmoniegefühl und Goldener Schnitt*. Kahnt, Leipzig, 1911.

Boles, M. and Newman, R., *The Golden Realtionship Art Math Nature Book 1: Universal Patterns*. Bradford, MA: Pythagorean Press, 1987.

Borissavliévitch, Miloutine, *The Golden Number and the Scientific Aesthetic of Architecture*. London, Tiranti, 1958.

Brach, Manfred, Von der alten Kunst, „auff allerhand Arth" Blockflöten zu entwerfen. *Tibia, Magazin für Holzbläser* 4/93, 610-617.

Brooke, Maxey, The Section Called Golden. *J. Recr. Math.* **2** (1969), 61-64.

Brousseu, Brother Alfred, *Fibonacci Numbers in Nature*. The Fibonacci Association, Santa Clara / Calif., 1965.

Brown, S.I., From the golden rectangle and Fibonacci to pedagogy and problem posing. *Math. Teacher* **69** (1976), 180-188.

Bouleau, Charles, *The Painter's Secret Geometry - A Study of Composition in Art*. Hacker Art Books, New York 1980.

Braunfels, Wolfgang, Drei Bemerkungen zur Geschichte und Konstruktion der Florentiner Domkuppel. *Mitteilungen des Kunsthistorischen Institutes in Florenz* **11**, 1963-1965, 201-226.

Camfield, William A., Juan Gris and the Golden Section. *The Art Bulletin*, **XLVII** (1965), No. 1, 128-134.

Cantor, Moritz, *Vorlesungen über Geschichte der Mathematik*. B. G. Teubner, Leipzig, Band 1: 1894, Band 2: 1900.

Chakerian G.D. (Don), The Golden Ratio and a Greek Crisis. *Fibonacci Quarterly* **11** (1973), 195-200.

Clarke, M. L., Vergil and the Golden Section. *The Classical Review* **14** (1964), 43-45.

Colman, Samuel and Coan, C. Arthur, *Nature's Harmonic Unity*. G. P. Putnam's Sons, New York 1912.

Cook, Theodore Andrea, A New Disease in Architecture. *The Nineteenth Century* **91** (1922), 521 ff.

Cook, Theodore Andrea, *The Curves of Life.* Dover Publications Inc., New York 1979.

Coxeter, Harold Scott Macdonald, *Regular Polytopes.* Methnen & Co. Ltd., London 1948.

Coxeter, Harold Scott Macdonald, The Golden Section, Phyllotaxis, and Wythoff's Game. *Scripta Math.* **19** (1953), 135-143.

Coxeter, Harold Scott Macdonald, *Introduction to Geometry.* John Wiley & Sons Inc., New York / London, 2 1962. [dt. Übersetzung: *Unvergängliche Geometrie.* Birkhäuser, Basel 1963]

Coxeter, Harold Scott Macdonald, The Role of Intermediate Convergents in Tait's Explanation for Phyllotaxis. *Journal of Algebra* **20** (1972), 167-175.

Curchin, Len and Fischler, Roger, Hero of Alexandria's Numerical Treatment of Division in Extreme and Mean Ratio and its Implications. *Phoenix* (Toronto) **35** (1981), 129-133.

DeTemple, D.: Simple Constructions for the Regular Pentagon and Heptadecagon. *Mathematics Teacher* **82** (1989), 356-365.

Deutsch, Andreas, *Muster des Lebendigen.* Verlag Vieweg, Braunschweig, Wiesbaden, 1994.

Doczy, György, *Die Kraft der Grenzen.* Dianus-Trikont-Buchverlag, München 1984.

Dodd, F.W., *Number theory in the quadratic field with the golden section unit.* Polygonal Publishing House, Passaic, NJ, 1983.

Dorra, H., The Evaluation of Seurat's Style. In: H. Dorra / J. Rewald, Seurat. Paris 1959.

Duckworth, George E., *Structural Patterns and Proportions in Vergil's Aeneid - A Study in Mathematical Composition.* University of Michigan Press, Ann Arbor 1962.

Douady, S. and Couder, Y.: Phyllotaxis as a Physical Self-Organized Growth Process. *Physical Review Letters* **68** (1992), 2098-2101.

Eggers, Hans, Der Goldene Schnitt im Aufbau alt- und mittelhochdeutscher Epen. *Wirkendes Wort*, Schwan, Düsseldorf 10 (1960), 193-203.

Engel, Arthur, *Wahrscheinlichkeitsrechnung und Statistik, Band 2.* Klett Studienbücher, Stuttgart 1976.

Engel-Hardt, R., *Der Goldene Schnitt im Buchgewerbe.* Leipzig 1919.

Engstrom, Philip G., Sections, golden and not so golden. *Fibonacci Quarterly* **25** (1987), 118-127.

Euklid, *Die Elemente*, Buch I-XIII. Hrsg. und ins Deutsche übersetzt von Clemens Thaer, Wissenschaftliche Buchgesellschaft, Darmstadt, 3 1969.

Farnsworth, P. R., Preferences for rectangles. *J. gen. Psychol.* **7** (1932), 479-481.

Fechner, Gustav Theodor, *Vorschule der Aesthetik.* Breitkopf & Haertel, Leipzig 1876.

Fibonacci, Leonardo, *Il liber abbaci.* Biblioteca Ambrosiana de Milano contrassegnato I, 72, Parte superiore.

Fischler, Roger, A mathematics course for architecture students. *Int. J. Math. Educ. Sci. Technol.* **7** (1976), 221-232.

Fischler, Roger, Théories mathématiques de la Grand Pyramide. *Crux Mathematicorum* **4** (1978), 122-128.

Fischler, Roger, A Remark on Euclid II, 11. *Historia Mathematica* **6** (1979), 418-422.

Fischler, Roger, What did Herodotus really say? or How to build (a theory of) the Great Pyramid. *Environment and Planning B*, **6** (1979), 89-93.

Fischler, Roger, The early relationship of Le Corbusier to the 'golden number'. *Environment and Planning B*, **6** (1979), 95-103.

Fischler, Roger, How to Find the 'Golden Number' Without Really Trying". *Fibonacci Quarterly* **19** (1981), 406-410.

Fischler, Roger, On the Application of the Golden Ratio in the Visual Arts. *Leonardo* **14** (1981), Pergamon Press, 31-32.

Fischler, Roger, On Aesthetic and Other Theories Involving the Golden Number. Manuskript.

Fischler, Roger et Fischler, Eliane, Juan Gris, son milieu et « le nombre d'or ». RACAR (Canadian Art Review), VII (1980), 1-2, 33-36.

Flachsmeyer, J., Kniffliges am Ostwaldschen und goldenen Rechteck – Aus der Geometrie des Papierfaltens. *Didaktik der Mathematik* **18** (1990), 90-105.

Flachsmeyer, J., Die beiden goldenen rechtwinkligen Dreiecke. *Didaktik der Mathematik* **21** (1993), 81-94.

Fournier des Corats, André, *La Proportion égyptienne et les rapports de divine harmonie*. Editions Véga, Paris 1957.

Fowler, D. H., A generalization mof the golden section. *Fibonacci Quarterly* **20** (1982), 146-158.

Freckmann, Karl, *Proportionen in der Architektur*. Verlag Georg D. W. Callwey, München 1965.

Fredel, J.: *Dürer und der goldene Schnitt*. In: Die Beredsamkeit des Leibes – Zur Körpersprache in der Kunst, hrsg. von Ilsebill Barta Fliedl und Christoph Geissmar, Residens Verlag Wien 1992, 174-181.

Fregien, W., Sectio Aurea – der goldene Schnitt. *Math. Lehren*, Dezember 1992, 6-11.

Fritz, Kurt von, The discovery of incommensurability by Hippasus of metapontum. *Ann. Math.* **46** (1945), 242-264.

Funck-Hellet, Ch., Le nombre d'or, facteur d'harmonie et de symétrie dans la peinture de la renaissance italienne. *Deuxiéme Congrés International D'Esthetique et de Science De L'Art,* Alcan, Paris 1937, Tome II, 265-269.

Funck-Hellet, Ch., *Composition et nombre d'or dans les œuvres de la Renaissance*. Vincent-Fréal, Paris 1950.

Funck-Hellet, Ch., *De la proportion - L'équerre des maîtres d'œuvre*. Vincent-Fréal, Paris, 1951.

Gait, Jasen, An Aspect of Aesthetics in Human-Computer Communications: Pretty Windows. *IEEE Transactions on Software Engineering*, SE-11 (1985), 714-717.

Gardner, M., *Fads and Fallacies in the Name of Science*. Dover, New York 1957.

Gardner, Martin, Mathematical Games: About Phi, an Irrational Number That Has Some Remarkable Geometrical Expressions. *Scientific Amer.*, Aug. 1959, 128-134.

Gardner, Martin, Mathematical Games: The Multiple Fascinations of the Fibonacci Series. *Scientific Amer.* **120** (März 1969), 116-120 und **120** (April 1969), 126.

Geiger, Franz, Le Corbusier und sein 'Modulor'. *Baumeister* **51** (1954), 523-525.

Ghyka, Matila Costiescu, *Le Nombre d'or.* Gallimard, Paris 1931.

Ghyka, Matila C., *The Geometry of Art and Life.* Sheed and Ward, New York 1946, und: Dover Books, New York 1977.

Godkewitsch, Michael, The 'Golden Section': An Artifact of Stimulus Range and Measure of Preference. *American J. of Psychology* **87** (1974), 269-277.

Goeringer, Adalbert, *Der goldene Schnitt.* J. Lindauersche Buchhandlung (Schoepping), München 1893.

Graesser, R. F., The Golden Section. *The Pentagon* **3** (1943-44), 7-19.

Graf, Hermann, *Bibliographie zum Problem der Proportionen.* Speyer, 1958.

Green, C., Purism / the laws of painting and nature. In: Léger and Purist Paris, Eds. J. Golding, C. Green, Tate Gallery, London 1970, S. 49-51, (L'Esprit Nouveau, XVII (1922), 14-15).

Grünbaum, Branko and Shephard, G. C., *Tilings and Patterns.* Freeman, New York 1987.

Haas, Walter, Rezension zu: Herwig Spieß, 'Maß und Regel'. *Deutsche Kunst und Denkmalpflege* **20** (1962), 73-74.

Haase, Julius, Der Dom zu Köln am Rhein in seinen Hauptmaßverhältnissen aufgrund der Sieben-Zahl und der Proportion des Goldenen Schnittes. *Zeitschrift für die Geschichte der Architektur* **V** (1911/12), 97-114, 148-154.

Haase, Rudolf, Der Goldene Schnitt als harmonikales Problem. *Symbolon, Jahrbuch für Symbolforschung* **6** (1968), Schwabe&Co. Verlag, Basel / Stuttgart, 212-225.

Haase, Rudulf, Der mißverstandene goldene Schnitt. *Zeitschrift für Ganzheitsforschung* **19,** Heft 4 (1975).

Haase, Rudolf, Der missverstandene Goldene Schnitt. *Zeitschrift für Ganzheitsforschung,* Wien, Neue Folge **19** (1975), 240-249.

Hässelbarth, Arno, *Die hohe Schule der Modell- und Schaftherstellung.* Weimar, 6. Auflage 1926.

Hagenmaier, Otto, *Der goldene Schnitt – Ein Harmoniegesetz und seine Anwendung.* Impuls Verlag, Heidelberg / Berlin, 2 1958.

Haines, T. H. and D*AVIES*, A. E., The psychology of aesthetic reaction to rectangular forms. *Psychol. Review* **11** (1904), 249-281.

Hambidge, Jay, *Dynamic Symmetry: The Greek Vase.* Yale University Press, New Haven 1920.

Hanisch, B., Mathematik im Dienste der Kunst. *Wurzel* **16** (1982), 18-23.

Hardy, G. H. and Wright, E. M., *An Introduction to the Theory of Numbers.* Oxford, Clarendon Press, ^{4}1960.

Havril, J. B., The Multi-Media Performance '987' on the Golden Ratio. *Leonardo* **9** (1976), 130.

Haydock, R., All that glisters: an old story retold as a cautionary tale. *Math. Spectrum* **24** (1991-1992), 42-47.

Haylock, D.W., The golden section and Beethoven's fifth. *Math. Teaching* **84** (1978), 56-57.

Hecht, Konrad, *Maß und Zahl in der gotischen Baukunst.* Hildesheim / New York, 1979 (zuerst in: Abhandlungen der Braunschweigischen Wissenschaftlichen Gesellschaft).

Hedian, H., The Golden Section and the Artist. *The Fibonacci Quarterly* **14** (1976), 408-418.

Heller, Siegfried, Die Entdeckung der stetigen Teilung durch die Pythagoreer. *Abhandlungen der deutschen Akademie der Wissenschaften zu Berlin* (Klasse für Mathematik, Physik und Technik), Jahrgang 1958, Nr. 6, Akademie-Verlag, Berlin 1958.

Henszlmann, E., *Théorie des proportions.* A. Bertrand, Paris 1860.

Hermann, Conrad, Gesetz der ästhetischen Harmonie und die Regel des Goldenen Schnittes. *Philosophische Monatshefte* **VII** (1871/72), 1 ff.

Herrlinger, Robert, Ein neues Selbstbildnis Leonardos? *Zeitschrift für Kunstwissenschaft* **VII** (1953), Berlin, 47-56.

Herz-Fischler, Roger, An Examination of Claims Concerning Seurat and The Golden Number. *Gazette Des Beaux-Arts*, März 1983.

Herz-Fischler, Roger, Le Corbusier's 'Regulating Lines' for the Villa at Garches (1927) and Other Early Works. *Journal of the Society of Architectural Historians* **XLIII** (1984), No. 1.

Herz-Fischler, Roger, What are propositions 84 and 85 of Euclid's 'Data' all about? *Historia Math.* **11** (1984), 86-91.

Herz-Fischler, Roger, *A Mathematical History of Division in Extreme and Mean Ratio.* Wilfried Laurier University Press1987.

Herz-Fischler, Roger, A "Very Pleasant Theorem". *Coll. Math. J.* **24** (1993), 318-324.

Hölderlin, Friedrich, *Die Aussicht (Wenn in die Ferne geht . . .).* In: ders., Sämtliche Werke, 'Frankfurter Ausgabe', Roter Stern, Band 9: Dichtungen nach 1806, Mündliches, 1983, 223 ff.

Hofmann, Wolfgang, *Goldener Schnitt und Komposition.* Heinrichshofen's Verlag, Wilhelmshaven 1973.

Hofmeister, Gerd, Rekursiv definierte Folgen. In: FIM, Versuch für das Fernstudium im Medienverbund, Studiengang Mathematik, Einführung (bearb. v. Otto Baeßler); zweite, verbesserte Auflage, Deutsches Institut für Fernstudien an der Universität Tübingen, Tübingen 1979, Anhang IV.

Hoggatt, V. E. jun. und Bicknell-Johnson, Marjorie, Representations of integers in terms of greatest integer functions and the golden section ratio. *Fibonacci Quarterly* **17** (1979), 306-318.

Holt, Marvin, The Golden Section. *The Pentagon*, 1964, 80-104.

Holt, Marvin, Mystery Puzzler and Phi. *The Fibonacci Quarterly* **3** (1965), 135-138.

Huntley, H. E., The Golden Cuboid. *The Fibonacci Quarterly* **2** (1964), 184.

Huntley, H. E., *The Divine Proportion - A Study in Mathematical Beauty.* Dover Publications, New York 1970.

Iamblichos, *Pythagoras - Legende, Lehre, Lebensgestaltung*. Artemis Verlag, Zürich / Stuttgart 1963.

Itten, Johannes, *Kunst der Farbe*. Otto Maier Verla, Ravensburg [4]1970.

Jakobson, Roman und Lübbe-Grothues, Grete, Ein Blick auf 'Die Aussicht' von Hölderlin. In: Roman Jakobson, *Hölderlin-Klee-Brecht - Zur Wortkunst dreier Gedichte*. Suhrkamp Taschenbuch Wissenschaft 162, 1. Auflage 1976, 27-97.

Junge, G., Flächenanlegung und Pentagramm. *Osiris* **8** (1948), 316-345.

Kaiser, Ludwig, *Über die Verhältniszahl des Goldenen Schnitts*. Leipzig / Berlin 1929.

Käppel, L., Das Theater von Epidaurus – Die mathematische Grundidee des Gesanmtentwurfs und ihr möglicher Sinn. *Jahrbuch des Deutschen Archäologischen Instituts* **104** (1989), 83-106.

Kalbe, O., *Der Goldene Schnitt in Zeichnung und Schrift, insbesondere als goldenes Grundgesetz schöner Schriftformen*. 1889.

Kapur, J.N., The golden ellipse. *Int. J. Math. Educ. Sci. Technol.* **18** (1987), 205-214.

Kapur, J.N., The golden ellipse revisited. *Int. J. Math. Educ. Sci. Technol.* **19** (1988), 787 - 793.

Kapur, J.N., Some generalizations of the golden ratio. *Int. J. Math. Educ. Sci. Technol.* **19** (1988), 511-517.

Karchmar, E. J., Phyllotaxis. *The Fibonacci Quarterly* **3** (1965), 64-66.

Kayser, Hans, *Lehrbuch der Harmonik*. Occidentverlag, Zürich 1950.

Khintchine, A., *Kettenbrüche*. B. G. Teubner Verlagsgesellschaft, Leipzig 1956.

Klein, Felix, *Vorlesung über das Ikosaeder und die Auflösung der Gleichungen vom fünften Grade*. Teubner, Leipzig 1884.

Knell, Heiner, *Grundzüge der griechischen Architektur*. Wissenschaftliche Buchgesellschaft, Darmstadt 1980.

Knorr, W., *The Evolution of the Euclidean elements*. Dordrecht, Reidel, 1975.

Knorr, W., *Textual Studies in Ancient and Medieval Geometry*. Birkhäuser, Boston, baselö, Stuttgart 1989.

Koecher, Max, *Klassische elementare Analysis*. Birkhäuser-Verlag, Basel 1987.

Koelliker, Théo, *Symbolisme et nombre d'or - 1. Le rectangle de la genèse et la pyramide de Khéops*. Paris 1957.

Koelliker, Théo, Le Message de la Grande Pyramide. *Synthèses* **183** (1961), 280 ff.

Korhonen, H., Mona Lisa und Fibonacci. *Alpha* **15** (1981), 121-122.

Kottmann, Albrecht, *Fünftausend Jahre messen und bauen – Planungsverfahren von der Vorzeit bis zum Ende des Barock*. Stuttgart 1981.

Külpe, O., *Grundriß der Psychologie*. Wilhelm Engelmann, Leipzig 1893.

Küppers, Bernd-Olaf, Der Verlust aller Werte. *Natur* **4** (1982), 65-73.

Kunz, Ludwig, *Der Goldene Schnitt als byzantinische Bauproportion*. Diss. TH Stuttgart 1931, (Stuttgart 1930).

Kuokkala, P., Der goldene Schnitt in Jonaas Kokkonens Oper "Die letzte Versuchung" (finnisch). *Dimensio* **50** (1986), 8-14.

Kutsch, Ferdinand und Spiess, Herwig, Das romanische Refektorium in Kloster Eberbach im Rheingau. *Nassauische Annalen – Jahrbuch des Vereins für nassauische Altertumskunde und Geschichtsforschung* **71** (1960), 201-211.

Lalo, C., *L'Esthetique experimentale contemporaine*. Alcan, Paris 1908.

Lange, Konrad, *Das Wesen der Kunst - Grundzüge einer realistischen Kunstlehre, Erster Band*. G. Grote'sche Verlagsbuchhandlung, Berlin 1901.

Langlebert, M., La cathedrale d'Amiens - Les modules, le nombre d'or, le tracé de l'ensemble absidial. *Bulletin trimestriel de la societé des antiquaires de Picardie*, 1969, 87-95.

Langosch, Karl, Komposition und Zahlensymbolik in der mittellateinischen Dichtung. *Miscellanea Mediaevalia* **7** (1970), 106-131.

Larson, Paul, The Golden Section in the Earliest Notated Western Music. *The Fibonacci Quarterly* **16** (1978), Nr. 6, 513-515.

Laugwitz, Detlef, Die Quadratwurzel aus 5, die natürlichen Zahlen und der Goldene Schnitt. *Jahrbuch Überblicke Mathematik*, 1975.

Laux, Karl August, *Michelangelos Juliusmonument*. Verlag Emil Eberling, Berlin 1943.

Le Corbusier, *Der Modulor*. J. G. Cotta'sche Buchhandlung Nachfolger, Stuttgart, 1953.

Le Corbusier, *Modulor 2 - La Parole est aux Usagers. Collection Ascorial*, Editions De l'Architecture D'Aujourd'hui, Boulogne (Seine), 1955.

Ledent, R., Le nombre d'or et la technique. *Math. Ped.* **5** (1979), 17-22.

Lefebre, Vladimir A., The golden section and an algebraic model of ethical cognition. *J. Math. Psychol.* **29** (1985), 289-310.

Leglise, L., Goldener Schnitt und Architektur. *Math. Lehren*, Dezember 1992, 14 - 16.

Le Grelle, G., *Le premier livre des 'Géorgiques', poème pythagoricien*. LEC 17 (1949), 139-235.

Lendvai, Ernö, Bartók und der Goldene Schnitt. *Österreichische Musikzeitschrift* **21** (1966), Wien, 607 ff.

Lendvai, Ernö, *Béla Bartók - An Analysis of his Music*. Kahn and Averill, London 1971.

Levine, Naomi, The Goose That Laid the Golden Egg. *Fibonacci Quarterly* **22** (1984), 252-254.

Lhote, André, Composition du tableau. In: *Encyclopédie Francaise*, Paris 1935.

Linnenkamp, Rolf, *Aristide Maillol und der Goldene Schnitt der Fläche*. Hamburg 1957.

Linnenkamp, Rolf, *Aristide Maillol - Die großen Plastiken*. Verlag F. Bruckmann, München 1960.

Linnenkamp, Rolf, Neues zu Michelangelos 'Ursünde und Vertreibung aus dem Paradies' in der Sixtina. *Kunsthistorisches Jahrbuch Graz* (Inst. f. Kunstgesch. der Univ. Graz) **15** / **16** (1979 / 80), Akad. Druck- und Verlagsanstalt, Graz / Austria, 117-133.

Lund, F. M., *Ad Quadratum*. B. T. Batsford, London 1921.

Lutz, Theo, Think - Der goldene Schnitt. *IBM-Nachrichten* **36** (1986), Heft 286, 78-79.

Maillard, Èlisa, Recherches sur l'emploi du nombre d'or per les artistes du moyen age. In: *Deuxième congrès international d'esthetique et de science de l'art*, Paris 1937, Bd. II, 262-265.

Maillard, Élisa, Du Nombre D'Or - Diagrammes de chefs-d'œuvre. Achevé D'Imprimer Sur Les Presses De L'Imprimerie André Tournon Et Cie, 20, Rue Delambre, Paris, Juillet 1943.

Manuel, George and Santiago, Amalia, An Unexpected Appearance of the Golden Section. *The College Math. J.*, **19**, No. 2, 3/88, S. 168-170.

Marcou, P., *La Composition et le nombre d'or*. Paris, 1965.

Mathematics Teacher, The, 43:425, 6, 1950.

Matthias, J., *Die Regel vom Goldenen Schnitt im Kunstgewerbe - Ein Handbuch für Werkstatt, Schule und Haus*. Leipzig, 1886.

Markowsky, G., Misconceptions about the golden ratio. *Coll. Math. J.* **23** (1992), 2 - 19.

Maxfield, M.W.: A Golden Frustum. *Mathematics Magazine* **63** (1990), 114-115

Mehnert / Bernwald, *Die Gehilfenprüfung als Offsetdrucker*. Verlag Otto Blersch, Stuttgart 1966, 2 1971.

Miyazaki, Koji, *Polyeder und Kosmos – Spuren einer mehrdimensionalen Welt*. Verlag Vieweg, Braunsschweig, Wiesbaden 1987.

Moessel, Ernst, *Die Proportion in Antike und Mittelalter*. C. H. Beck, München 1926.

Moessel, Ernst, *Vom Geheimnis der Form und Urform des Seins*. Stuttgart, 1938.

Monod-Herzen, E., Lois d'Harmonie et de Tradition. *L'Amour de l'Art* **2** (1921), 1-6.

Naredi-Rainer, Paul von, Musikalische Proportionen, Zahlenästhetik und Zahlensymbolik im architektonischen Werk L. B. Albertis. *Jahrbuch des Kunsthistorischen Institutes der Universität Graz* **12** (1977), 81-213.

Naredi-Rainer, Paul von, *Architektur und Harmonie - Zahl, Maß und Proportion in der abendländischen Baukunst*. Köln, 1982.

Neikes, H., *Der goldene Schnitt und die Geheimnisse der Cheops-Pyramide*. M. DuMont Schauberg, Köln 1907.

Neufert, Ernst, *Bauentwurfslehre*. Friedr. Vieweg & Sohn, Braunschweig / Wiesbaden, 30 1979.

Neuwirth, Gösta, Symbol und Form (Te Deum K 270). In: 'Johann Josef Fux, Sämtliche Werke', Serie II/2, Graz, 1979, X-XV.

Neville, E. H., The solution of numerical functional equations. *Proceedings London Math. Soc.*, 2. Serie **XIV** (1914), 321-326.

Norden, Hugo, Proportions in Music. *The Fibonacci Quarterly* **2** (1964), 219-222.

Odom, George, Problem E3007, *Amer. Math. Monthly* **94** (1986), 572.

Ostrowski, A., *Solutions of Equations and Systems of Equations*. Academic Press, New York, London, Second Edition 1966.

Ostrowski, A. and Hyslop, J., Solution of Problem 3173. *American Math. Monthly* **34** (1927), 159.

Pacioli, Fra Luca, *Divina Proportione - Die Lehre vom Goldenen Schnitt.* Nach der venezianischen Ausgabe vom Jahre 1509 neu herausgegeben, übersetzt und erläutert von Constantin Winterberg, Wien, Verlag Carl Graeser, 1889 (In Zug, Schweiz, Interdokumentation: microfiche des Originals von 1509).

Pascoe, Clive Brownley, *Golden proportion in music design.* Ann Arbor (Mich.), 1974.

Penrose, Roger, *Sets of Tiles for Covering a Surface.* United States Patent 4,133,1532 vom 9. 1. 1979.

Penrose, Roger, *Computerdenken.* Spektrum-der-Wissenschaft-Verlagsgesellschaft, Heidelberg 1991.

Pequet, Emile, Le nombre d'or d'Euclide a Le Corbusier. *Mem. Publ. Soc. Sci. Arts Lett. Hainaut* **95** (1990), 147-162.

Perron, O., *Die Lehre von den Kettenbrüchen, Band I.* B. G. Teubner Verlagsgesellschaft, Stuttgart, 3/1954.

Pfeifer, Franz Xaver, *Der Goldene Schnitt und dessen Erscheinungsformen in Mathematik, Natur und Kunst.* Dr. Martin Sändig oHG, Wiesbaden, unveränderter Neudruck der Ausgabe von 1885, 1969.

Pierce, E., Aesthetics of simple forms. *Psych. Review* **1** (1894), 483-495.

Pohl, Horst, Zu Dürers Bildformat. *Zeitschrift des Deutschen Vereins für Kunstwissenschaft* **25** (1971), 36-44.

Pothorn, Herbert, *Das große Buch der Baustile.* Wilhelm Heyne Verlag, München 1982.

Powell, Newman W., Fibonacci and the Gold Mean: Rabbits, Rumbas, and Rondeaux. *Journal of Music Theory* **23.2** (1979), 227-273.

Power, J., *Éléments de la construction pictoriale.* Paris 1933.

Prak, Niels Luning, Measurement of Amiens Cathedral. *Journal of Architectural Historians* **25.3** (1966), 209-212.

Raab, Joseph, The Golden Rectangle and Fibonacci Sequence, as Related to the Pascal Triangle. *The Math. Teacher* **55** (1962), 538-543.

Ravenstein, T. v., Optimal Spacing of Points on a Circle. *The Fibonacci Quaterly* **27** (1989), 18-24.

Reis, Helmut, *Der Goldene Schnitt und seine Bedeutung für die Harmonik.* Verlag für systematische Musikwissenschaft, Bonn 1990.

Reis, Helmut, *Natur und Harmonik.* Verlag für systematische Musikwissenschaft, Bonn 1993.

Reuter,. Dietrich, „Goldene Terme" nicht nur am regulären Fünf- und Zehneck. *Praxis der Mathematik* **26** (1984), 298-302.

Richards, F., Phyllotaxis: Its Quantitative Expression and Relation to Growth in the Apex. *Phil. Trans. Royal Soc. of London*, B, **235** (1951), 509-564.

Richter, Irma A., *Rhythmic Form in Art.* John Lane, London 1932.

Richter, Peter H., Der goldene Schnitt - letzte Bastion der Ordnung im Chaos. In: Harmonie in Chaos und Kosmos - Bilder aus der Theorie dynamischer Systeme, hrsg. von: Sparkasse Bremen, Universität Bremen.

Robertson, M., The golden section or golden cut, the mystery of proportion in design. *Journal of the Royal Institute of British Architects*, 1948, 536-545.

Röber, Friedrich, *Die aegyptischen Pyramiden in ihren ursprünglichen Bildungen.* Waldemar Türk, Dresden 1855.

Rösch, S., Die Bedeutung des Polyeders in Dürers Kupferstich „Melancholia I (1514)". *Fortschr. Mineral.* **48** (1970), 83-85.

Rogers, Richard, *The Golden Section in Musical Time: Speculations on Temporal Proportion.* Ph. D. diss, Univ. of Iowa, 1977.

Rothwell, James Austin, *The phi factor - Mathematical proportions in musical forms.* Ann Arbor (Mich.), 1978.

Runion, Garth E., *The Golden Section and Related Curiosa.* Scott, Foresman and Co., (Glenview), Illinois, 1972.

Runion, Garth E., *The golden section.* Dale Seymour Publications, 1990.

Sachs, E., *Die fünf platonischen Körper.* Berlin, Weidman 1917.

Sandresky, Margaret Vardell, The Golden Section in Three Byzantine Motets of Dufay. *Journal of Music Theory* **25.2** (1981), 291-306.

Sastry, K.R.S., Golden Pentagons. *Math. Spectrum* **25** (1992 - 1993), 113 - 118.

Sauvy, J., Maths et corps humain. *Plot.* **22** (1983), 20 - 22.

Schaaf, W. L. (Ed.), *The Golden Measure.* Reprint Series (School Mathematics Study Group), 1967.

Schenck, Hellmut, *Der Goldene Schnitt - Unter besonderer Berücksichtigung seiner Anwendung im Tischlerhandwerk.* Hans Rösler Verlag, Augsburg, 4 1959. [3. Auflage: Michael Mayer, Der Goldene Schnitt, Augsburg 1949].

Scheuer, E. M., Solution of E 1396. *American Math. Monthly* **67** (1960), 694.

Schewe, Günter, Experimental Observation of the "Golden Section" in Flow around a Circular Cylinder. *Phys. Letters* **109 A** (1985), no. 1,2, S. 47-50.

Schielack, V.P. Jr., The Fibonacci Sequence and the Golden Ratio. *Mathematics Teacher* **80** (1987), 357-358.

Schiffman, H. R., Golden Section: Preferred figural orientation. *Perception and Psychophysics* **1** (1966), 193-194.

Schiffman, H. R. and Bobko, D., Preference in linear Partitioning: The Golden Section Reexamined. *Perception and Psychophysics* **24** (1978), 102-103.

Scholfield, P. H., *The Theory of Proportion in Architecture.* Cambridge 1958.

Schooling, William, The ▮ Progression. In: Th. A. Cook, "The Curves of Life".

Schoute, P. H., *Mehrdimensionale Geometrie, II. Teil: "Die Polytope".* Leipzig, 1905.

Schouten, J., *The Pentagramm as a Medical Symbol.* Niewkoop, 1968.

Schröder, Eberhard, *Dürer, Kunst und Geometrie.* Birkhäuser, Boston / Basel / Stuttgart, 1980.

Schulz, Georg Friedrich, *Leonardo Da Vinci.* Schuler Verlagsgesellschaft München, Reihe Pro Arte, 1976.

Segalowitz, S. and Benjafield, J., The Golden Section: Some Horses Refuse to Die. In: *Annual Meeting of the Canadian Psychological Association*, Toronto, 1976.

Seitz, D.T., A geometric figure relating the golden ratio and pi. *Math. Teacher* **79** (1986), 340 - 341.

Sekler, E. F., *Le Corbusier at work*. 1978.

Sereny, Peter (ed.), *Le Corbusier in Perspective*. Englewood Cliffs, New Jersey, 1975, 79-83.

Seuphor, Michel [Pseud.], *Piet Mondrian - Leben und Werk*. Verlag Du Mont Schauberg, Köln 1957.

Severini, Gino, *Dal cubismo al classicismo e altri saggi sulla divina proporzione e sul numero d'oro*. Marchi & Bertolli, Firenze 1972.

Shiffman: siehe Schiffman.

Società degli Ingegneri e degli Architetti in Torino: *Atti e Rassegna tecnica*. 6 (1952), 119-135.

Spiess, Herwig, *Maß und Regel. Eine mittelalterliche Maßordnung an romanischen Bauten in Kloster Eberbach*, Diss. TH Aachen, 1959.

Srocke, B., Goldener Schnitt/Stetige Teilung. *Heureka* **3** (1986), 8-12, 14-17, 30-31.

Stakhov, A. P., *Codes of golden section* (russisch). Kibernetika. Moskva: "Radio i Svyaz', 1984.

Stakhov, A. P., The golden section in measurement theory. *Comput. Math. Appl.* **17** (1989), 613-638.

Steck, Max, *Dürers Gestaltlehre der Mathematik und der bildenden Künste*. Max Niemeyer Verlag, Halle / Saale, 1948.

Steen, Hans, *Mona Lisa - Geheimnisse eines Bildes*. Adolf Sponholtz Verlag, Hannover, o. J.

Stone, LeRoy A. and COLLINS, L. Glenn, The Golden Section Revisited: A Perimetric Explanation. *American Journal of Psychology* **78** (1965), 503-506.

Stowasser, Roland und Mohry, Benno, *Rekursive Verfahren*. Schroedel, Hannover / Dortmund, 1978, besonders S. 50-57.

Szabò, A., Die Muse der Pythagoreer - Zur Frühgeschichte der Geometrie. *Historia Math*. **1** (1974), 291-316.

Taylor, J., *The Great Pyramid, Why Was It Built and Who Built It*. Longman, London, 1859.

Theis, Erich, *Woher rührt unser Wohlgefallen am Goldenen Schnitt?* Studium Generale, Springer-Verlag, Berlin / Göttingen / Heidelberg 6 (1953), 502-506.

Thompson, D'Arcy Wentworth, Excess and Defect or: the Little More and the Little Less. *Mind* **38** (1929), 43 55.

Thompson, D'Arcy Wentworth, *Über Wachstum und Form*. Birkhäuser, Stuttgart 1973.

Thompson, George G., The Effect of Chronological Age on Aesthetic Preferences for Rectangles of Different Proportions. *Journal of Experimental Psychology* **36** (1946), 50-58.

Thorndike, E. L., Individual differences in judgments of the beauty of simple forms. *Psychol. Review* **24** (1917), 147-153.

Timerding, H. E., *Der goldene Schnitt*. Math.-physikal. Bibliothek, Band 32 (hrsg. v. W. Lietzmann und A. Witting), Verlag B. G. Teubner, Leipzig / Berlin, 1919.

Toepell, M., Platonische Körpoer in Antike und Neuzeit. *Der Mathematikunterricht* 4/37 (1991), 45-79.

Tompkins, Peter, *Cheops - Die Geheimnisse der Großen Pyramide - Zentrum allen Wissens der alten Ägypter.* Knaur, München / Zürich, 1973.

Tropfke, Johannes, *Geschichte der Elementar-Mathematik, Bd. 4 (Ebene Geometrie).* Verlag De Gruyter, Berlin / Leipzig, 2 1923.

Tutte, W. T., On chromatic polynomials and the golden ratio. *J. Combinat. Theory* **9** (1970), 289-296.

Ullmann, Ernst, *Die Lehre von den Proportionen.* VEB Verlag der Kunst, Dresden 1958.

Vajda, S., *Fibonacci and Lucas numbers, and the Golden section. Theory and Applications.* Holsted Press, Horwood, Chichester, 1989.

Vallier, Dora, Villon. In: Cahiers d'Art, Paris 1957.

Villers, C., A la recontre du nombre d'or. *Math. Ped.* **5** (1979), 19-38.

Vorob'ev, N. N.: siehe Worobjow.

Waddington, C. H., The Modular Principle and Biological Form. In: *Module, Proportion, Symmetry, Rhythm.* G. Braziller, New York 1966, 37.

Walser, Hans, Der goldene Schnitt. *Didaktik der Mathematik* **3** (1987), 176-195.

Walser, Hans, *Der goldene Schnitt.* Teubner, Stuttgart, Leipzig 1993.

Warren, Charles W., Brunelleschi's Dome and Dufay's Motet. *The Musical Quarterly* **59** (1973), 92-105.

Waterhouse, W.C., The discovery of the regular solids. *Archive for History of Exact Sciences* **9** (1972), 212-221.

Weber, C. O., The aesthetics of rectangles and theories of affection. *J. appl. Psychol.* **15** (1931), 310-318.

Wersin, Wolfgang von, *Das Buch vom Rechteck.* Otto Maier Verlag, Ravensburg 1956.

Winzinger, Franz, Albrecht Dürers Münchner Selbstbildnis. *Zeitschrift für Kunstwissenschaft,* Band **VIII**, Heft 1-2, 1954, 43-64.

Witmer, L., Zur experimentellen Aesthetik einfacher raeumlicher Formverhältnisse. *Phil. Stud.* **9** (1894), 96-144, 209-263.

Wittkower, Rudolf, The Changing Concept of Proportion. *Daedalus* **89** (1960), 199-215.

Wittstein, Th., *Der Goldene Schnitt und die Anwendung desselben in der Kunst.* Verlag der Hahnschen Hofbuchhandlung, 1874.

WitzeL, Karl, *Untersuchungen über gotische Proportionsgesetze.* Diss. TH München, 1913; Berlin 1914.

Woodworth, R. S., *Experimental Psychology.* 1938.

Worobjow, N. N., *Die Fibonaccischen Zahlen.* Berlin (DDR), 1971.

Wythoff, W. A., A Modification of the Game of Nim. *Nieuw Archief voor Wiskunde,* Reihe 2, **7** (1907) Amsterdam,199-202.

Zappe, W., Projektarbeit zum Thema der Goldene Schnitt. *Math. Lehren,* Dezember 1992, 18 - 21.

Zeising, Adolf, *Neue Lehre von den Proportionen des menschlichen Körpers.* R. Weigel, Leipzig 1854.

Zeising, Adolf, Das Pentagramm (Kulturhistorische Studie). *Deutsche Viertel-jahres-Schrift* **31.1** (1868), 173-226.

Zeising, Adolf, *Der goldene Schnitt.* Halle 1884 (posthum), auf Kosten der Leopoldinische-Carolinischen Akademie gedruckt.

Zürcher, Georges, *Allgemeine Berufskunde für Buchdrucker.* Hrsg. v. Verlag Graphischer Fachbücher, Bern, 1939, 7. Auflage 1962.

Zusne, Leonard, *Visual Perception of Form.* Academic Press, New York / London, 1970.